NONGYE JICHUXING CHANGQIXING
GUANCE ZHIBIAO TIXI

农业基础性长期性观测指标体系

胡 林 等 著

中国农业科学技术出版社

图书在版编目(CIP)数据

农业基础性长期性观测指标体系 / 胡林等著. 北京：中国农业科学技术出版社，2024. 9. -- ISBN 978-7-5116-7045-8

Ⅰ. X83

中国国家版本馆 CIP 数据核字第 2024R4V171 号

责任编辑　张志花
责任校对　王　彦
责任印制　姜义伟　王思文

出 版 者　中国农业科学技术出版社
　　　　　北京市中关村南大街 12 号　　邮编：100081
电　　话　(010) 82106636 (编辑室)　(010) 82106624 (发行部)
　　　　　(010) 82109709 (读者服务部)
网　　址　https://castp.caas.cn
经 销 者　各地新华书店
印 刷 者　北京捷迅佳彩印刷有限公司
开　　本　170 mm×240 mm　1/16
印　　张　9.75
字　　数　190 千字
版　　次　2024 年 9 月第 1 版　2024 年 9 月第 1 次印刷
定　　价　68.00 元

著者名单

胡　林　王晓丽　樊景超　邬　磊　胡国铮

陈彦青　张　薇　袁维峰　魏丽丽　周正富

张　博　陈志军　刘慧媛　满　芮　刘婷婷

前言

农业是人类生存与社会发展的基础，随着全球人口的不断增长、气候变化的加剧和自然资源的日益匮乏，农业面临着前所未有的挑战。农业基础性长期性观测作为一项战略性的科学工作，在应对这些挑战中具有不可替代的作用。长期性观测不仅能够为农业科技创新提供关键数据，而且还能为国家政策制定和农业可持续发展提供科学支撑。然而，由于农业系统的复杂性和时空变异性，单一时点或短期观测难以揭示其变化规律。因此，构建一个科学、系统的农业基础性长期性观测指标体系，成为当前农业科研和生产管理中的一个重要课题。

首先，农业系统的复杂性和动态变化决定了长期观测的必要性。农业生态系统不仅包括农作物、土壤、水资源、气候等自然要素，还涉及人类活动、技术应用等多种因素的综合作用。这些因素之间的相互作用及其对农业生产的影响往往具有累积效应，只有通过长期的、持续的观测，才能全面、系统地了解农业生态系统的变化趋势，从而为农业管理提供可靠的科学依据。其次，随着全球气候变化的加剧，农业生产面临的风险和不确定性日益增加。气候因素对农业的影响具有长期性和广泛性，且气候变化对农作物生长、病虫害发生、土壤水分动态等的影响往往需要通过多年观测才能显现出来。因此，长期观测可以为预测气候变化对农业的影响、制定应对策略提供必要的数据支持。最后，农业可持续发展的实现离不开对资源的合理利用和生态环境的保护。农业生产活动在消耗自然资源的同时，也影响着生态系统的平衡。通过长期观测，可以监测资源的使用情况和生态环境的变化，及时发现农业生产中的问题，为制定合理的资源管理和环境保护政策提供科学依据。

观测工作为农业科技的进步提供了重要的数据支持。农业科技的发展依赖于对自然规律的深刻理解，而这种理解往往需要通过长期的、系统的观测数据来实现。观测数据不仅可以帮助科研人员揭示农业生态系统的复杂性和内在规律，还可以为新技术的开发和应用提供验证及优化的依据。例如，通过对土壤、水资源和气候的长期观测，科研人员可以更好地理解这些因素对农作物生长的影响，从而开发出更加高效的农业生产技术和制定出高效的管理措施。观测数据为政府制定农业政策提供了科学依据。农业政策的制定需要基于对农业生产和生态环境的全面了解，而长期观测为此提供了必要的数据支持。无论是粮食安全政策的制定，还是应对气候变化的措施，抑或是农业生态环境保护的战略，长期观测数据都为政府决策提供了科学依据，帮助政府在复杂多变的农业形势下做出更加准确的判断和决策。长期观测对于保障国家粮食安全具有重要意义。粮食安全是国家安全的重要组成部分，而农作物生产的稳定性直接关系到粮食安全。通过对农作物生长、气候变化和自然灾害的长期观测，可以提前预测粮食生产中的潜在风险，为防灾减灾和粮食安全保障提供预警及决策支持。同时，长期观测数据还可以为农业保险等风险管理工具的开发和应用提供数据支持，帮助农民和政府更好地应对农业生产中的不确定性。

《农业基础性长期性观测指标体系》的出版，具有重要的现实意义。首先，本书系统地总结了农业基础性长期性观测的理论、方法和实践经验，为广大农业科研人员、管理者和一线生产者提供了宝贵的指导与参考。通过本书，读者可以深入理解农业观测指标体系的构建原则和技术流程，从而更好地开展农业观测工作。无论是在农业科研机构，还是在农业生产一线，本书都可以作为一种重要的参考书，帮助读者理解和应用农业观测指标体系的相关知识。其次，本书的出版填补了我国农业观测理论与实践领域的空白，为建立具有中国特色的农业观测体系奠定了基础。在我国农业观测领域，尽管已经积累了丰富的实践经验，但系统的理论研究和方法总结却相对匮乏。本书通过系统梳理国内外农业观测的经验和成果，结合我国农业生产的实际情况，提出了一套科学的、系统的农业观测指标体系。这不仅有助于提升我国农业观测工作的科学性和规范性，也为国际农业观测提供了中国方案和中国智慧。最后，本书的出版标志着我国在农业观测领域迈出了重要一步。随着观测工作的深入开展和观测数据的积累，我国农业将更加精准、高效、可持续地发展，从而更好地应对未来的挑战，保障国家粮食安全和生态安全。特别是在全球农业面临巨大挑战的今天，本书的出版恰逢其时，它不仅是农业观测领域的一部重要著作，也是推动我国农业现代化和可持续发展的有力工具。相信本书的问世，将为我国农业的未来发展注入新的活力，为全球农业的发展作出更大的贡献。

本书的完成，得到了中国农业科学院科技管理局及农业信息研究所领导、同仁和朋友的关心与支持。在此，要衷心感谢在农业基础性长期性观测工作中给予高度重视和大力支持的各级领导，中国农业科学院科技管理局刘涛、解沛的关怀和指导，为本书的撰写奠定了坚实的基础。向所有参与本书撰写和研究的作者们致以崇高的敬意！国家农业基础性长期性观测工作体系11个数据中心的工作人员参与了本书的写作，感谢你们在科研一线不辞辛劳，长期坚持不懈地积累数据、分析问题，为本书的内容提供了丰富的实证材料和宝贵的见解。胡林撰写前言和第一章，樊景超、王晓丽撰写第二章，张文菊撰写第三章，胡国铮撰写第四章，陈彦青撰写第五章，张薇撰写第六章，袁维峰撰写第七章，魏丽丽撰写第八章，周正富撰写第九章，张博撰写第十章，陈志军撰写第十一章，刘慧媛撰写第十二章。正是因为作者们的辛勤付出，才有了今天这本书的顺利问世。再一次向所有为本书付出心血和智慧的领导、作者表示诚挚的谢意！没有你们的支持，这本书不可能如此顺利地与读者见面。

胡　林

2024 年 5 月 1 日

于北京魏公村

目录 Contents

第一章　农业基础性长期性观测工作 …… 1
第一节　农业基础性长期性观测工作简介 …… 1
第二节　农业基础性长期性观测指标体系 …… 5
第二章　国家农业科学数据总中心指标体系 …… 8
第一节　中心介绍 …… 8
第二节　指标体系 …… 9
第三章　国家土壤质量数据中心观测指标体系 …… 14
第一节　中心介绍 …… 14
第二节　指标体系 …… 16
第三节　测定方法和规范 …… 18
第四章　国家农业环境数据中心观测指标体系 …… 20
第一节　中心介绍 …… 20
第二节　指标体系 …… 22
第三节　测定方法和规范 …… 32
第五章　国家作物种质资源数据中心观测指标体系 …… 39
第一节　中心介绍 …… 39
第二节　指标体系 …… 40
第三节　测定方法和规范 …… 60
第六章　国家植物保护数据中心观测指标体系 …… 64
第一节　中心介绍 …… 64

第二节　指标体系 …… 65
第三节　测定方法和规范 …… 81
第七章　国家畜禽养殖数据中心观测指标体系 …… 94
第一节　中心介绍 …… 94
第二节　指标体系 …… 95
第三节　测定方法和规范 …… 106
第八章　国家动物疫病数据中心观测指标体系 …… 111
第一节　中心介绍 …… 111
第二节　指标体系 …… 112
第三节　测定方法和规范 …… 116
第九章　国家农用微生物数据中心观测指标体系 …… 117
第一节　中心介绍 …… 117
第二节　指标体系 …… 118
第三节　测定方法和规范 …… 123
第十章　国家天敌等昆虫资源数据中心观测指标体系 …… 125
第一节　中心介绍 …… 125
第二节　指标体系 …… 126
第十一章　国家农产品质量安全数据中心观测指标体系 …… 129
第一节　中心介绍 …… 129
第二节　指标体系 …… 130
第三节　测定方法和规范 …… 133
第十二章　国家渔业科学数据中心观测指标体系 …… 135
第一节　中心介绍 …… 135
第二节　指标体系 …… 136
附　录　农业基础性长期性观测常用参考标准 …… 140
后　记 …… 146

第一章

农业基础性长期性观测工作

第一节　农业基础性长期性观测工作简介

农业基础性长期性观测工作是一项旨在持续监测和记录农业生态系统、农作物生长、土壤、水资源、气候变化等关键要素的科学活动。其目的是通过长期积累的数据，揭示农业生态系统的动态变化规律，为农业科研、生产管理、政策制定以及可持续发展提供科学依据。由于农业系统的复杂性和环境因素的多样性，短期或一次性观测难以捕捉到其长期趋势和潜在问题，因此，长期性观测成为应对这些挑战的关键手段。

这种观测工作涉及多种技术和方法，包括实地观测、遥感监测、数据分析等，涵盖了从田间地头到实验室的数据采集与分析。观测内容广泛而深入，既包括对土壤、水分、气候等自然环境因素的监测，也包括对作物生长、产量、病虫害发生等农业生产环节的记录。此外，还涉及人类活动对农业系统的影响，旨在为农业资源的合理利用和生态环境的保护提供长期的科学支撑。

农业基础性长期性观测的意义不仅在于为当前的农业生产提供支持，更在于为未来的农业发展奠定基础。通过持续观测，研究人员能够识别和预测农业生产中的潜在风险，开发出更具针对性的应对策略。此外，这项工作对于提升农业科技水平、推动农业现代化进程、保障粮食安全以及应对全球气候变化等方面都具有重要的作用。因此，农业基础性长期性观测工作被视为国家农业科研和生产管理中的一项战略性工作，是实现农业可持续发展的重要保障。

农业基础性长期性观测工作体系

2016 年 7 月 22 日，农业部召开常务会议研究启动实施农业基础性长期性科技工作。该工作对于促进农业科技创新、支撑农业生产意义重大，通过系统布局国家农业科学实验站，加强农业数据观测等为农业科研、科技推广、体制改革及政策制定提供基础支撑。强调科技创新对农业农村经济发展的重要性，按照统一部署等原则在全国布局实验站、建立数据中心、组建队伍、形成标准并建成工作网络，要求创新思维方法建设，强化运行监管、注重资源共享、积极沟通协调并强化政策支持保障，各行业司局积极参与，以推动农业基础性长期性科技工作开展。

国家农业科学观测工作是一项农业基础性长期性科技工作，是国家农业科技创新体系的重要组成部分，它依据我国农业生产区划与农业学科发展特征，对农业生产要素及其动态变化进行系统地观测、监测和记录，旨在阐明其联系及发展规律，为推动农业科技创新提供基础支撑，为农业农村绿色发展和管理决策提供科学依据。

国家农业科学观测工作围绕作物种质资源、土壤质量、农业环境、植物保护、动物疫病等领域，获取长期定位观测监测数据，服务于相关领域科学研究和产业发展。由国家农业科学观测数据中心、国家农业科学观测实验站等构成农业科学观测工作的工作体系（图 1. 1）。

国家农业科学数据中心作为农业科学观测工作体系的数据总中心，研发国家农业科学观测数据平台，完成农业科学观测数据的汇交、典藏与治理、数据分析的信息化支撑等工作，保障国家农业科学观测工作平稳顺利开展。

国家农业科学数据总中心依托于中国农业科学院农业信息研究所，承担着农业农村部农业长期性基础性工作的数据汇交和管理工作，负责十大学科领域 456 个农业科学观测实验站的长期定位观测数据汇交、整编、长期保存和关联应用，保障国家农业科学观测工作平稳顺利开展。

国家土壤质量数据中心农业科学观测实验站围绕我国对农田长期环境演变趋势及发展预警、对农田土壤健康发展和农产品安全的重大战略需求，针对粮田、菜田、果园、茶桑园、设施农田、草地、机械作业等 9 种不同土地利用方式下土壤质量存在的问题开展长期定位监测，通过监测数据整合、深度挖掘，加快破解我国化肥利用率低、复种指数高、中低产面积大、农业生产对土壤依赖程度高等方面的农业生产、生态难题进程。

国家农业环境数据中心农业科学观测实验站围绕我国农业水土资源短缺

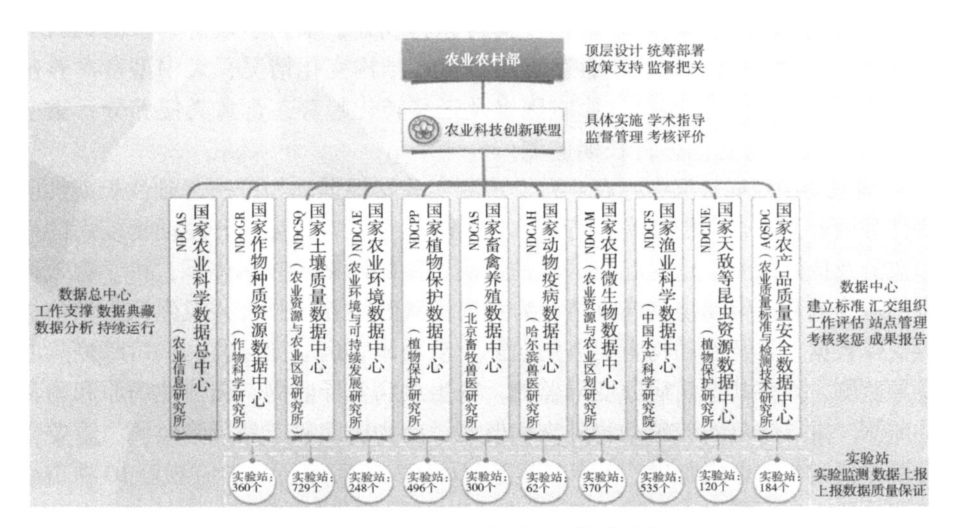

图 1.1　国家农业科学观测工作体系架构

及开发过度、污染加重、气候变化、灾害频发等环境问题，针对粮食主产区耕作制度、环境因子、气候变化影响、农田水分与灌溉、化学投入品影响开展重点任务监测观测，通过监测观测规范体系不断优化、站点布局不断完善、监测数据不断积累，为我国农业环境建设与保护提供基础数据，为农业各学科提供农业环境方面的时间、空间动态监测数据，从而提供多学科交叉融合发展落脚点，推动我国农业科技原始创新发展。

国家作物种质资源数据中心农业科学观测实验站针对我国粮食、棉油、果树、蔬菜、经济作物、热带作物、饲用作物、起源作物与乡土草种等种质资源的重大科研与产业需求开展重点任务观测监测工作，以作物种质资源有效保护和高效利用为核心，形成符合我国农业发展特色的种质资源观测鉴定体系，为满足适应气候变化、绿色生态形势下对农业育种的新需求，为我国现代种业发展提供有力支撑。

国家植物保护数据中心农业科学观测实验站的重点任务为粮油作物、果树、蔬菜、经济作物的重要病虫种群个体变化与抗药性监测，主要热带作物病虫群体监测，重大检疫性有害生物、农作物迁飞性害虫、刺吸性害虫、地下害虫以及农田鼠的种群、个体变化及抗药性监测，个体农田杂草监测，作物流行性病菌变异鱼抗性监测，重要病虫对主要粮食作物主推品种致病力变化监测和草地病虫鼠毒害草种群鱼个体变化监测。

国家畜禽养殖数据中心农业科学观测实验站围绕我国主要畜禽品种资源

群体和主导畜禽品种的育种群体，饲料原料成分、生物学效价、畜禽饲料转化效率和营养需求，畜牧业各畜禽品种生产结构变化情况，大中型畜禽养殖场主要污染物的产排路径、影响因素及迁移转化趋势，畜禽粪便养分、重金属、抗生素等的变化进行长期监测。

国家动物疫病数据中心农业科学观测实验站根据动物疫病基础性长期性监测任务内容，结合动物疫病流行规律及对养殖业危害程度，开展动物疫病的病原监测及抗体监测，建立起我国动物疫病监测的网络及技术体系，科学有效地预估、预测和预警动物疫病疫情，为我国畜禽健康养殖及公共卫生风险评估提供支撑数据。共开展动物重要疫病监测、动物流感病原变异监测、口蹄疫病原变异监测、人兽共患病病原变异监测、寄生虫病变异监测、细菌性病原和耐药性监测、重点防范的养殖动物外来病监测、动物屠宰和产品风险监测、重要畜禽营养代谢与中毒病监测、水产养殖重大及新发疫病流行病学监测等 10 项重点监测任务，全面覆盖了我国动物疫病的重大问题和重大风险点。

农用微生物资源收集与鉴定评价是农业农村部部署推进的 10 项农业基础性长期性科技工作之一，国家农用微生物数据中心农业科学观测实验站的主要任务包括肥效微生物资源、生防微生物资源、饲料/酶制剂微生物资源、环境、能源、转化微生物与基因资源、栽培用食用菌资源等方面监测的评价工作。

应用天敌进行生物防治对环境与生态友好、对农产品安全，是化学农药的良好替代；而许多昆虫蛋白质含量高、营养丰富，食用或饲用有利于保障粮食安全。国家天敌等昆虫资源数据中心农业科学观测实验站针对我国农作物、特殊生境中的天敌昆虫及天敌螨类，以及新型蛋白质来源昆虫资源开展长期收集评价，以形成系统化、规模化的资源储备，以便在未来出现新变化、新需求时可及时提供长期数据供追溯、分析、决策。

国家农产品质量安全数据中心农业科学观测实验站针对我国粮食、油料、蔬菜、果品、畜禽、奶产品、水产品、热作产品、特色产品及农业投入品等品质与质量安全特征的研究开展长期观测监测工作，建立严密、高效的科学监测体系，开展基于大数据分析技术的农产品品质与质量安全特征分析方法的研究及应用，探索其规律性和动态变化趋势，推动鲜活农产品的品质与质量安全认证技术应用，为政府决策和行业应用提供基础性科学参考依据。

国家渔业科学数据中心农业科学观测实验站面向我国渔业资源建设与保护、水产养殖与水域环境保护、水域生态污染与恢复等重大需求，开展长期性监测和基础性研究工作，已分别开展了我国土著鱼种生物多样性评价、内陆流域濒危水生动物种群评价、水产外来种调查与生态安全评估监测等8项重点任务，对监测数据进行整理、分析、挖掘，为破解我国渔业资源、生产、环境难题提供有力的支持。

国家农业科学观测实验站是中国农业科学研究的重要组成部分，形成了一个覆盖全国的网络，致力于推动农业科技的进步和创新。这些观测站专注于多种关键领域的研究，包括植物保护、种质资源、环境监测、土壤科学、渔业资源、疫病控制和微生物应用等，旨在深入了解农业生产的各个方面，并应对相关挑战。

观测站依托于大学、省级农科院、地市级农科院或部属三院等不同的科研和教育机构，确保了研究的深度和广度。共有456个观测站，其中国家农业观测站142个。观测站地理分布广泛，不仅覆盖了主要的农业区域，还特别关注了如南海诸岛等特殊地区，覆盖了不同农业生态条件。

随着农业科学的不断发展，观测试验站的布局也在不断优化和扩展。未来的设想包括加强区域特色研究、集成现代技术应用、促进跨学科融合、拓展国际合作、建立人才培养机制、加速成果转化以及争取更多的政策和资金支持。这些措施将有助于观测试验站在促进农业科技进步、提高农业生产效率和保障食品安全方面发挥更大的作用，为实现农业可持续发展目标提供坚实的科学支撑。

第二节　农业基础性长期性观测指标体系

农业基础性长期性观测工作是解决农业科学重大问题的基础支撑，观测指标体系的设计至关重要。一个科学、合理的观测指标体系能够为农业科研和实践提供精确、可靠的数据支持，从而确保观测工作的成功。以下是观测指标体系的构建原则、方法和技术流程的详细阐述。

一、指标体系的构建原则

1. 科学性原则

观测指标必须具有科学性，能够客观、准确地反映农业生态系统、农作物生长等过程和结果。指标的选择应以农业科学理论为依据，确保其科学合理。

2. 系统性原则

指标体系应当全面涵盖农业生态系统的各个方面，既要考虑自然环境因素，也要考虑农业生产过程中的人为因素。指标之间应具有系统关联性，能够相互支持和解释。

3. 可操作性原则

所设计的指标应具有实际可操作性，便于观测和数据采集。指标的测量方法应明确、简便，并且可以在长期观测中保持一致性。

4. 动态性原则

农业生态系统具有动态变化的特征，因此，指标体系应能灵活应对这种变化，能够随着农业科技的发展和观测目标的变化进行适当调整和更新。

5. 实用性原则

指标体系的设计应以满足农业生产、科研和管理的实际需求为目的。所选指标应与农业生产的实际问题密切相关，能够直接服务于农业管理和决策。

二、指标体系的构建方法

1. 文献调研与专家咨询

通过广泛查阅国内外相关文献，了解已有观测指标体系的构建经验。同时，向农业领域的专家学者进行咨询，结合实践需求和理论基础，初步确定观测指标的范围和内容。

2. 因子分析

运用统计学中的因子分析方法，筛选出对农业生产和生态系统有重要影响的核心因子。这些因子将作为观测指标的基础。

3. 层次分析法（AHP）

利用层次分析法对观测指标进行层次分解，明确各级指标之间的关系，并通过专家打分和权重分配，确定各指标的优先级和重要性。

4. 实地调研与试验验证

在实际农业生产环境中进行试验和调研，验证所选指标的可行性和准确性，根据实际观测结果对指标体系进行调整和优化。

三、指标体系构建的技术流程

1. 需求分析与指标初选

明确农业长期观测的目标和需求，结合文献调研和专家咨询，初步选定观测指标。

2. 数据收集与因子分析

收集大量的农业观测数据，利用因子分析法筛选出主要影响因子，为后续的指标筛选提供数据支持。

3. 指标体系构建与权重确定

根据筛选出的主要因子，运用层次分析法构建观测指标体系，确定各指标的权重和优先级。

4. 试点应用与反馈调整

在试点区域或项目中应用初步构建的指标体系，收集反馈意见，分析观测结果，调整和优化指标体系。

5. 指标体系定型与标准化

根据试点应用的反馈，最终确定观测指标体系，并制定标准化的观测流程和操作规范，确保在不同地点和时间段的观测结果具有可比性和一致性。

6. 长期监测与数据更新

建立长期监测机制，定期对指标体系进行评估和更新，以适应农业生态系统的动态变化和新的科研需求。

通过以上原则、方法和流程的系统实施，构建出一个科学、系统、可操作的农业基础性长期性观测指标体系，为解决农业科学重大问题提供坚实的基础数据支撑。

第二章

国家农业科学数据总中心指标体系

第一节　中心介绍

总体定位：国家农业科学数据总中心依托于中国农业科学院农业信息研究所。旨在实现国家农业基础性长期性工作的统一数据汇交、典藏与治理、运行技术支撑、智能数据分析，为10个国家农业科学数据中心、111个国家农业科学观测实验站开展农业基础性长期性数据的规范化采集、科学化治理、稳定化运行和智能化分析提供技术支撑，推动建立与国际接轨的专业、技术以及管理标准规范体系，打造一支稳定和高素质的大数据治理与分析专业团队。

总中心以数据出版、数据分析挖掘和数据共享为途径，推动科学观测数据利用水平，提升数据应用的价值，以数据要素化推动科研创新、产业升级，提升决策水平。持续推动在工作门户共享数据资源。成立数据分析虚拟团队，推动数据分析应用。

重点任务：建立农业基础性长期性科技工作支撑系统。包括建立覆盖数据采集、汇交、治理各个环节的支撑工具与业务化运行平台，如农业基础性长期性科技工作数据汇交系统、农业基础性长期性科技工作门户网站等，为工作有效推进提供工具与平台支撑；建立科技数据的持久典藏平台与运行机制，实现监测数据的可靠与持久存储；建立业务化运行的技术支持机制与相关团队，为工作持续推进提供保障。

总中心的重要职责是做好工作进展和数据质量的监测评价工作，为了推动做好本项工作，中心开发了数据工作监测可视化系统，将工作体系、领域中心和观测实验站的工作纳入到监测范围，为管理部门的管理决策提供了数据支撑。

总中心持续调研不断优化数据汇交系统的同时，不断发力“总中心-学科数据中心-观测站”三级工作体系的信息化建设，并配合中国农业科学院科技管理局协同处积极推动领域中心和实验观测站的数据汇交工作。开发了服务基础性长期性工作门户网站（https：//www.basicagridata.cn），运行维护总中心、数据中心和实验观测站网站。

第二节　指标体系

为更好地对观测数据进行管理，需要对数据的元数据信息进行充分的描述，并记录相应的实物信息，以方便后续数据的追溯、确权、共享等。

元数据是指描述数据的数据，是对数据及信息资源的描述性信息，概要描述数据的内容、来源、质量及其他相关方面的信息，用于支持数据的检索、理解和使用。主要指标包括但不限于数据集的名称、数据作者、产权单位、数据提交时间、数据类型、数据共享方式、数据保护期、时空范围、数据大小、文件类型、CSTR或DOI、数据引用规范，以及领域主题词、量纲、数据获取的仪器设备、获取制备数据使用的标准或规范、制备加工的过程等，相关内容见表2-1。

表2-1　国家农业科学数据总中心核心元数据描述

元数据项	定义	是否必填
科学数据集名称	中文名称，建议命名规范：时间-区域-产品名称	是
学科一级分类	选择中心设定的学科一级分类	是
学科二级分类	选择中心设定的学科二级分类	是
创建时间	数据集创建时间	是
数据大小	数据大小	是
共享方式	选择公开共享、协议共享和内部共享	是
数据记录数	数据记录条数	是
版本	版本信息	是
数据格式	包括文本、数值、图像、视频、语音、文字等	是
语种	数据集语种	是
涉及区域	地理经纬度、地理区域	否

（续表）

元数据项	定义	是否必填
地理范围	国家、省市信息	是
空间分辨率	监测数据填写数据代表性如样地、具体关键带、具体区域等；栅格影像填写地面像元大小；矢量图形是指生成矢量图形时对应的原始地图的比例尺	否
时间范围	数据时间范围、场地编码等	是
时间分辨率	资源重复获取的频度，如小时、天、月、年等	是
关键词	描述数据集的关键词	是
描述	简明扼要阐释本数据集所采取的研究或实验条件与方法，简要描述数据集的基本情况，如时间和空间跨度，特征与特性，质量控制情况与潜在利用价值与意义等方面，同时不应包含新的科学发现	是
产权单位	数据集产权单位	是
数据作者	产权人	是
生产者	生产者	是
所在机构	生产者所在单位	是
联系人	联系人	是
联系电话	联系人电话	是
邮箱	联系人邮箱	是
联系单位	联系人单位	是
联系地址	联系人单位地址	是
数据下载方式	可选是否登录后直接下载及申请线下传递等	是
资源链接	系统自动生成，数据集页面网址	否
数据使用说明	如何使用本数据	否
数据引用参考规范	使用该数据发表论文等成果时，需要引用的文字	否
致谢方式	对数据集构建协助方或平台的感谢	否
论文 DOI	关联出版数据论文的 DOI 标识符	否
数据集 DOI	DOI 标识符	否
来源期刊	关联出版数据论文的期刊	否
论文链接	关联出版数据论文的标题	否
科技资源标识（CSTR）	CSTR 标识符，一般由系统自动生成	否
样品/样本编码	数据集对应样品/样本的编码	否

为方便实验站的管理，并实现数据与实物的关联，一些实物信息也需要进行记录，主要包括人员信息、设备信息、实验室信息、田块信息、样品与标本资源信息、办公用品信息等，相关指标说明如表 2-2 至表 2-7 所示。

表 2-2　人员信息指标体系

指标项	描述	说明
人员编号	[填写员工的唯一识别码]	人员的编号，方便追踪和管理
姓名	[填写姓名]	员工的全名
联系电话	[填写联系电话]	手机号或座机号
职称	[填写职称]	职称，如研究员、副研究员
电子邮箱	[填写电子邮箱]	电子邮箱
单位	[填写单位]	单位全称

表 2-3　设备信息指标体系

指标项	描述	说明
设备编号	[填写设备编号]	设备编号，方便追踪和管理
设备名称	[填写设备名称]	如打印机、电脑等
设备类型	[填写设备类型]	如办公设备、实验设备等
设备运行状态	[选择使用、闲置、维修中等状态]	表明设备当前是否在使用或维护中
设备型号	[填写设备型号]	制造商给定的设备型号
设备规格	[填写设备规格]	如尺寸、容量等
原值	[填写原值]	设备购买时的金额
生产厂家	[填写生产厂家]	生产该设备的厂商
采购日期	[填写采购日期]	设备被购入的时间
检定日期	[填写检定日期]	确保设备准确性和可靠性的检查时间
使用年限	[填写使用年限]	设备已经使用的时长
设备负责人	[从人员库进行选择]	从人员库选择，负责日常管理和保养
设备简介	[填写设备简介]	对设备功能和用途的简要描述
使用规程	[填写使用规程]	设备的操作指南或手册链接
维修记录	[填写维修记录]	记录设备维修历史和详情
备注	[填写其他相关信息]	如特殊处理、注意事项等

表 2-4　实验室信息指标体系

指标项	描述	说明
实验室编号	[填写实验室编号]	实验室编号，方便追踪和管理
实验室名称	[填写实验室名称]	实验室的官方名称
设备数	[填写设备数]	实验室内设备的总数
门牌号	[填写门牌号]	实验室的门牌号码
实验室负责人	[填写实验室负责人]	负责管理实验室的人员姓名
是否在用	[选择是/否]	表明实验室当前是否在使用中
备注	[填写其他相关信息]	如特殊处理、注意事项等

表 2-5　田块信息指标体系

指标项	描述	说明
田块编号	[填写田块编号]	对田块的编号，方便追踪和管理
田块名称	[填写田块名称]	田块的常用名称或代号
面积（平方米）	[填写面积]	以平方米计的田块面积大小
长（米）	[填写长]	田块的长度尺寸
宽（米）	[填写宽]	田块的宽度尺寸
海拔-国家高程基准（米）	[填写海拔高度]	田块相对于国家高程基准的海拔
是否在用	[选择是/否]	表明田块当前是否在使用中
备注	[填写其他相关信息]	如特殊处理、注意事项等

表 2-6　样品与标本信息指标体系

指标项	描述	说明
样品/标本编号	[填写编号]	唯一标识码，用于追踪和管理
名称	[填写样品/标本名称]	样品或标本的通用名称
类型	[填写类型]	如土壤、植物、水质、昆虫等
采集日期	[填写日期]	样品或标本的采集时间
采集地点	[填写地点]	精确的采集地点描述
采集人	[填写采集人姓名]	负责采集的人员
描述	[填写详细描述]	样品或标本的详细描述，如外观、状态等

（续表）

指标项	描述	说明
用途	［填写用途］	样品或标本的预定用途，如教学、研究等
保存方法	［填写保存方法］	样品或标本的保存方式和条件
当前状态	［填写当前状态］	如已分析、待分析、展示中等
备注	［填写其他相关信息］	如特殊处理、注意事项等

表 2–7　办公用品信息指标体系

指标项	描述	说明
物品名称	［填写物品名称］	办公用品的名称，如笔、纸张、订书机等
现有库存	［填写现有库存］	目前拥有的物品数量
单价	［填写单价］	单件办公用品的成本或购买价格
原库存	［填写原库存］	办公用品最初的库存量
规格	［填写规格］	办公用品的具体规格或型号，如 A4 纸、黑笔等具体规格描述
备注	［填写其他相关信息］	如特殊处理、注意事项等

第三章

国家土壤质量数据中心观测指标体系

第一节　中心介绍

总体定位：国家土壤质量数据中心依托中国农业科学院农业资源与农业区划研究所，旨在揭示我国不同生态类型区土壤质量及其生源要素的演变规律和驱动机制，以适应我国农业集约化程度提高和种植结构调整的趋势，建立开放共享、系统完善的土壤质量长期监测体系和数据平台，全面提升农业土壤质量联网研究能力，为农业生产和生态环境保护提供理论依据，为我国农田的可持续利用和生态环境的宏观决策提供科学依据与技术支撑。

重点任务：围绕国家粮食安全对耕地质量提升与土壤资源可持续利用的重大战略需求，针对粮田、菜田、果园、茶桑园、设施农田、草地、机械作业等9种不同土地利用方式下土壤质量存在的问题开展长期定位监测，通过数据整合、深度挖掘，加快解决我国化肥利用率低、复种指数高、中低产面积大和农业生产对土壤依赖程度高等方面的农业生产、生态难题的进程（表3-1）。

表3-1　承担的观测任务

序号	重点任务名称	负责单位
1	粮田土壤理化和生物性状及田间生物群落监测	中国农业科学院农业资源与农业区划研究所
2	菜田土壤理化和生物性状及田间生物群落监测	中国农业科学院农业资源与农业区划研究所
3	果园土壤理化和生物性状及田间生物群落监测	中国农业科学院郑州果树研究所

（续表）

序号	重点任务名称	负责单位
4	茶桑园土壤理化和生物性状及田间生物群落监测	中国农业科学院茶叶研究所
5	热区农田土壤理化和生物性状及田间生物群落监测	中国热带农业科学院环境与植物保护研究所
6	设施农田理化和生物性状及田间生物群落监测	中国农业科学院农业环境与可持续发展研究所
7	草地土壤理化和生物性状监测	中国农业科学院农业资源与农业区划研究所
8	机械作业方式对农田土壤环境影响监测	农业农村部南京农业机械化研究所
9	机械化作业的技术性能参数监测	农业农村部南京农业机械化研究所

站点布局：中心在农业农村部的统一部署下，通过自主申报、摸底调研、审核确认，遴选实验站278个，监测点729个，包括粮田监测点235个、菜田监测点129个、果园监测点112个、茶桑园监测点44个、热区农田监测点14个、设施农田监测点100个，草地监测点21个和机械作业监测点74个，同时与之签订观测监测任务书。2018年和2019年，德州、祁阳、昌平、洛龙、西湖、凉州、镇原、伊宁、雁山、洪山、进贤、相城、徐州、深州、武清、爱辉、公主岭、呼伦贝尔、玉树、呼和浩特、湛江、通辽、武川、济南、太和、嘉兴、新乡、长沙、广州、福安、贵阳、雅安、昆明、杨凌、安定、新市、阿克苏共37个实验站入选了农业农村部确定的国家农业科学观测实验站，这些站点遍布在我国东北、西北、华北、华中、华东和西南地区。

观测标准：国家土壤质量数据中心自2017年成立以来，制定了国家土壤质量观测指标体系和系列规范等，主要包括《国家土壤质量数据中心观测指标体系》《土壤样品采集和预处理规范》《采样和制样质量控制规范》《数据管理和评价规范》《实验室质量控制规范》《长期采样地设置规范》《国家土壤质量观测实验站评估方案》，优化了实验站布局，确定了土壤质量观测指标体系和规范，构建了国家土壤质量长期观测网和数据平台，推动了土壤质量数据中心和实验站发展建设，为规范农业科学观测工作、提升农业基础性长期性科技工作效率、明确未来实验站发展方向、推动农业科技创新提供了基础支撑，为农业农村绿色发展和管理决策提供了科学依据。

第二节 指标体系

国家土壤质量数据中心的观测任务及指标如表 3-2 所示。

表 3-2 观测任务及指标

观测任务	一级指标	二级指标	三级指标
粮田、菜田、果园、桑茶园、草地土壤理化和生物性状及田间生物群落监测	记录和收集类指标	监测点位信息	经纬度、海拔、坡度、坡向、年均温、有效积温、年降水量、年蒸发量、土壤类型、母质类型、轮作方式
	记录和收集类指标	田间管理信息	作物类型、作物品种、播种日期、收获日期、播种量（密度）、农膜用量、残留情况、耕作方式、耕作深度、耕作次数、耕作时期、灌溉次数（冬灌量）、灌溉时期、总灌溉量、灌溉方法、主要病害名称、发生的时间和程度、农药类型和名称、施药次数、施药时间、施药方式、总施药量、作物生物量、作物产量、留茬高度及极端天气（干旱、干热风、大暴雨、极冷天气、倒伏等）时间、频率、数值
	记录和收集类指标	施肥信息	化肥种类、施用量，养分（氮磷钾及中微量元素）含量、化肥基追比例、基追施时期、追施肥料类型及次数、追施方式、有机肥种类及用量、碳氮磷钾及中微量元素和重金属等含量、有机肥施入时期、施入方式、秸秆种类、施入量、秸秆碳氮磷钾等养分含量
	土壤指标	土壤物理指标	容重
	土壤指标	土壤物理指标	耕层厚度
	土壤指标	土壤物理指标	机械组成
	土壤指标	土壤物理指标	紧实度
	土壤指标	土壤物理指标	团聚体稳定性
	土壤指标	土壤物理指标	地下水位
	土壤指标	土壤化学指标	有机碳
	土壤指标	土壤化学指标	全氮
	土壤指标	土壤化学指标	全磷
	土壤指标	土壤化学指标	全钾
	土壤指标	土壤化学指标	可溶性碳
	土壤指标	土壤化学指标	矿质氮
	土壤指标	土壤化学指标	有效磷
	土壤指标	土壤化学指标	速效钾

（续表）

观测任务	一级指标	二级指标	三级指标
粮田、菜田、果园、桑茶园、草地土壤理化和生物性状及田间生物群落监测	土壤指标	土壤化学指标	pH
	土壤指标	土壤化学指标	CEC
	土壤指标	土壤化学指标	交换性钙
	土壤指标	土壤化学指标	交换性镁
	土壤指标	土壤化学指标	有效铜
	土壤指标	土壤化学指标	有效锌
	土壤指标	土壤化学指标	有效硫
	土壤指标	土壤化学指标	交换性铝
	土壤指标	土壤化学指标	土壤碱化度
	土壤指标	土壤化学指标	电导率/全盐量
	土壤指标	土壤生物指标	微生物碳
	土壤指标	土壤生物指标	微生物氮
	土壤指标	土壤生物指标	蚯蚓
	土壤指标	土壤生物指标	β-葡糖苷酶
	土壤指标	土壤生物指标	脲酶
	土壤指标	土壤生物指标	酸性磷酸酶
	土壤指标	土壤生物指标	微生物群落组成
	土壤指标	土壤生物指标	基础呼吸
	土壤指标	土壤环境指标	重金属镉
	土壤指标	土壤环境指标	重金属砷
	土壤指标	土壤环境指标	重金属铅
	土壤指标	土壤环境指标	重金属铬
	土壤指标	土壤环境指标	重金属汞
	土壤指标	土壤环境指标	重金属镍
	土壤指标	土壤环境指标	有效态镉
	土壤指标	土壤环境指标	有效态砷
	土壤指标	土壤环境指标	有效态铅
	土壤指标	土壤环境指标	有效态铬
	土壤指标	土壤环境指标	有效态汞
	土壤指标	土壤环境指标	有效态镍

第三节　测定方法和规范

观测任务参考的标准规范名称及编号如表 3-3 所示。

表 3-3　参考的标准规范名称及编号

观测任务	一级指标	二级指标	参考的标准规范名称及编号
粮田、菜田、果园、桑茶园、草地土壤理化和生物性状及田间生物群落监测	土壤指标	容重	《土壤检测　第 4 部分：土壤容重的测定》NY/T 1121. 4—2006
		机械组成	《森林土壤颗粒组成（机械组成）的测定》LY/T 1225—1999
		紧实度	《紧实度仪》TY-JSD2
		团聚体稳定性	《湿筛法》NY/T 1121. 19—2018
		地下水位	《水位监测仪》SL 58-93
		有机碳	《盐酸清洗　TOC 仪测定法》LY/T 1237
		全氮	《半微量开氏法》LY/T 1228
		全磷	《氢氧化钠熔融　钼锑抗比色法　硫酸-高氯酸消煮　钼锑抗比色法》LY/T 1232
		全钾	《氢氧化钠熔融　火焰光度法》LY/T 1234
		可溶性有机碳	《硫酸钾浸提-TOC 仪器测定法》
		矿质氮	《氯化钾浸提-流动注射仪法》ISO/TS 14256-2
		有效磷	《碳酸氢钠浸提　钼锑抗比色法》LY/T 1233
		速效钾	《乙酸铵浸提　火焰光度法》LY/T 1236
		pH	《水土比=2. 5：1　电位法》LY/T 1239
		CEC	《乙酸铵交换　蒸馏-容量法》LY/T 1243
		交换性钙	《乙酸铵交换　EDTA 络合滴定法》《Mehlich3 浸提　原子吸收分光光度法》SL 407/SS620
		交换性镁	
		有效铜	
		有效锌	
		有效硫	
		交换性铝	《氯化钾交换　中和滴定法》LY/T 1240
		土壤碱化度	《计算法》LY/T 1249
		电导率/全盐量	《水土比=5：1　电导法》LY/T 1251

（续表）

观测任务	一级指标	二级指标	参考的标准规范名称及编号
粮田、菜田、果园、桑茶园、草地土壤理化和生物性状及田间生物群落监测	土壤指标	微生物生物量碳氮	《氯仿熏蒸提取法》文献 2，65-78，54-64
		蚯蚓	《手检法（春初）欧盟推荐方法》文献 1，79-83
		β-葡糖苷酶/脲酶	《比色法》文献 4
		酸性磷酸酶	《磷酸苯二钠法》文献 4
		微生物群落组成	《磷脂脂肪酸法测细菌　真菌　放线菌》文献 3，240-244，174-178
		基础呼吸	《静态气室法》
		重金属镉、铅	《石墨炉原子吸收法》GB/T 17141—1997
		重金属砷、铬、汞	《等离子体发射光谱法》GB/T 23349—2009
		重金属镍	《石墨炉原子吸收法》GB/T 17139—1997
		有效态镉、砷、铅、铬、汞、镍	《等离子体发射质谱法》ICP-MS　GB/T 17135—17141—1997

第四章

国家农业环境数据中心观测指标体系

第一节　中心介绍

总体定位：国家农业环境数据中心依托中国农业科学院农业环境与可持续发展研究所，针对我国农业水土资源短缺、开发过度、污染加重、气候变化、灾害频发等环境问题，构建我国农业环境监测网络，长期定位监测农业主产区水、土、气、作物和投入品等农业环境及其相关要素，积累农业环境长期监测数据，建立综合数据库，为我国农业环境建设与保护以及粮食和食物安全保障提供基础数据，为农业环境领域科技进步与农业可持续发展提供科技支撑。

重点任务：数据中心围绕水、土、气、生和投入品等农业环境关键要素，共设置5项重点任务。

（1）粮食主产区耕作制度和种植结构变动：分析、掌握我国粮食主产区耕作制度、种植结构的演变动态，为构建生态友好型耕作制度提供有效支撑，为各区域耕作制度与种植结构的科学调整提供咨询。

（2）气候变化对主要农作物影响：分析农业气候资源和大气环境的变化趋势及其对主要农作物生长发育与产量形成、品种适宜性、土壤生产力和作物病虫害流行暴发规律等的影响，服务于我国农业应对气候变化及保证粮食安全的决策和行动措施。

（3）农田水分与灌溉水质：掌握区域灌溉水质状况及其变化，揭示监测基地不同种植模式下农田土壤墒情和生产力的演变规律，提供土壤墒情和灌溉水质变化趋势预测及预警，为区域粮食生产力提升和农业水资源管理提供决策依据。

（4）产地环境健康及危害因子：明确不同环境条件下产地健康及危害

因子的演化过程、迁转规律、主控因素、危害风险及调控方法，为国家消控农产品产地污染，保障农产品质量安全及实现农业可持续发展提供技术及基础数据支撑。

（5）有机化学投入品对农业环境影响：掌握有机化学投入品（农药、农膜、除草剂以及植物生长调节剂等）的类型、使用技术、使用模式以及用量等现状和动态，明确主要农作物耕作区域水土环境中的有机化学投入品的残留污染动态，为有机化学投入品对农业生态影响评价及其使用的调整和优化指明方向，为管理者在区域农业生态系统中有机化学投入品使用的政策制定与管理过程提供量化指标。

观测网络：数据中心根据我国农业综合区划和布局规划，结合我国农业环境现状，依托现有农业科学实验站，并根据试点期内各参加单位任务完成情况，优化布局农业环境观测实验站网络，形成由133个实验站点组成的观测网络。2018年和2019年，山西寿阳站、辽宁阜新站、上海奉贤站、内蒙古四子王旗站、河南商丘站、北京顺义站、湖南岳阳站、云南大理站、海南儋州站、黑龙江齐齐哈尔站、黑龙江建三江站、辽宁彰武站、江苏六合站、湖北潜江站、江西宜春站、广西南宁站、山西晋中站、宁夏银川站、甘肃张掖站、青海西宁站、西藏日喀则站和西藏那曲站共22个站点分别入选农业农村部确定的第一批和第二批国家农业科学观测实验站，覆盖我国主要粮食产区，开展农业环境长期定位观测。

观测标准：数据中心围绕农业环境中的碳氮循环过程、农业环境中重金属和地膜污染、农作物生长（生理过程和产量）等农业环境关键问题，并根据试点期实验站反馈对观测指标进行修订。经过学术委员会论证，形成三级观测指标体系：一级指标15个，分别是作物种植信息、作物生产、作物病虫害、气象要素、大气质量、大田通量、农田水分、灌溉水质量、土壤肥力、污染事件、重金属污染、有机污染物、微量元素、投入品使用信息、流域水环境；二级指标47个；三级指标254个，其中三级指标为数据产生的直接记录、观测或测定的指标。编制完成《基础性长期性农业环境数据监测规范》，规范了各三级指标的监测频率和观测、采样要求，以及观测和分析方法，保障农业环境长期定位观测数据的系统完整性和准确可比性。

第二节　指标体系

农业环境数据监测指标体系如表 4-1 所示。

表 4-1　农业环境数据监测指标体系

一级指标	二级指标	三级指标	观测内容
作物种植信息	作物信息	作物名称	种植作物名称
		作物种类	种植作物种类
		作物品种	种植作物品种或品系
		作物品种类型	种植作物品种类型，包括但不限于常规品种或杂交品种
	种植信息	耕地方式	观测样地的耕地方式，包括但不限于犁、耙、锄、旋耕等作业工具，以及人工、畜力、机械等作业动力
		播种/种植方式	作物的播种或种植方式，播种方式包括但不限于撒播、条播、点播；种植方式包括但不限于间（套作）、直播、定植、移栽和水田育秧
		株距	两棵作物之间栽种的平均距离，单位为厘米（cm）
		行距	邻近两行作物间的平均距离，单位为厘米（cm）
		播种/扦插量	观测样地播种量，单位为千克/公顷（kg/ha）
		基本苗	观测样地作物种植的基本苗，单位为万株/公顷（10^4 plants/ha）
		出苗率	观测样地作物出苗率，单位为百分比（%）
	田间管理日历	耕地日期	观测样地耕地的日期
		开行/起畦日期	观测样地开行/起畦的日期
		播种/扦插日期	观测样地播种/扦插的日期
		除草日期	观测样地除草的日期
		耕耙日期	观测样地耕耙的日期
		其他田间管理日期	观测样地其他田间管理的日期
	秸秆还田信息	秸秆还田日期	观测样地秸秆还田的日期
		来源作物类型	秸秆来源的作物类型
		秸秆还田方式	秸秆还田方式，包括但不限于粉碎翻压还田、覆盖还田、堆沤还田、焚烧还田、过腹还田
		秸秆还田量	包括还田秸秆的鲜重和风干重量，单位为千克/公顷（kg/ha）
		秸秆上是否有病斑	还田秸秆上是否有病斑
	秸秆元素含量	全碳含量	还田秸秆样品全碳含量
		全氮含量	还田秸秆样品全氮含量
		全磷含量	还田秸秆样品全磷含量
		全钾含量	还田秸秆样品全钾含量

（续表）

一级指标	二级指标	三级指标	观测内容
作物生产	生育期	作物物候期	记录种植作物 50%植株达到某一物候期的日期
	产量	籽粒/果实产量	观测样地中 1 m^2 样方作物的籽粒/果实的鲜重、风干重和烘干重，单位为克/米^2（g/m^2）
		地上生物量	观测样地中 1 m^2 样方作物的地上生物量的鲜重、风干重和烘干重，单位为克/米^2（g/m^2）
		作物收获后地表残留物和根残茬及根系生物量	观测样地中 1 m^2 样方中地表残留物和土壤耕层（0~20 cm）中根系的生物量干重，单位为克/米^2（g/m^2）
	作物碳氮	籽粒/果实中的碳氮含量	籽粒/果实样品的碳氮含量
		地上生物量中的碳氮含量	地上生物量样品的碳氮含量
		作物收获后地表残留物和根的碳氮含量	作物收获后地表残留物和根样品的碳氮含量
	叶片生理特征	叶片光合速率	自然光和饱和光强条件下的叶片光合速率，单位为微摩尔/(米^2·秒)［μmol/（m^2·s）］
		叶片呼吸速率	叶片呼吸速率，单位为微摩尔/(米^2·秒)［μmol/（m^2·s）］
		叶片蒸腾速率	叶片蒸腾速率，单位为微摩尔/(米^2·秒)［μmol/（m^2·s）］
		叶绿素含量	叶片叶绿素含量，单位叶色值（SPAD）
		光响应曲线	叶片光响应曲线，测定 1 800 μmol/(m^2·s)、1 500 μmol/(m^2·s)、1 200 μmol/(m^2·s)、1 000 μmol/(m^2·s)、800 μmol/(m^2·s)、600 μmol/(m^2·s)、400 μmol/(m^2·s)、300 μmol/(m^2·s)、200 μmol/(m^2·s)、100 μmol/(m^2·s)、0 μmol/(m^2·s) 光强下的叶片光合速率，单位为微摩尔/(米^2·秒)［μmol/（m^2·s）］，光强可根据实际情况调整
		CO_2 响应曲线	叶片 CO_2 应曲线，测定 0 μmol/mol、20 μmol/mol、50 μmol/mol、100 μmol/mol、150 μmol/mol、200 μmol/mol、400 μmol/mol、600 μmol/mol、800 μmol/mol、1 000 μmol/mol、1 200 μmol/mol、1 500 μmol/mol、1 800 μmol/mol、2 000 μmol/mol CO_2 浓度下的叶片光合速率，单位为微摩尔/(米^2·秒)［μmol/（m^2·s）］，CO_2 浓度可根据实际情况调整

（续表）

一级指标	二级指标	三级指标	观测内容
作物生产	群体生理特征	太阳诱导叶绿素荧光	太阳诱导叶绿素荧光，单位为瓦/(米^2·球面度·纳米)［W/（m^2·sr·nm）］
		群体光合速率	作物群体光合速率，单位为微摩尔/(米^2·秒)［μmol/（m^2·s）］
		群体呼吸速率	作物群体呼吸速率，单位为微摩尔/(米^2·秒)［μmol/（m^2·s）］
		群体蒸腾速率	作物群体蒸腾速率，单位为微摩尔/(米^2·秒)［μmol/（m^2·s）］
		土壤呼吸速率	土壤呼吸速率，单位为微摩尔/(米^2·秒)［μmol/（m^2·s）］
		叶面积指数	使用叶面积指数测定仪测定观测样地作物叶面积指数
作物病虫害	病害	种类	作物发生的病害种类
		开始日期	作物病害发生的开始日期
		结束日期	作物病害发生的结束日期
		影响比例	受病害影响作物在观测样地中的比例
	虫害	种类	观测样地中的害虫种类
		开始日期	作物虫害发生的开始日期
		结束日期	作物虫害发生的结束日期
		影响比例	受害虫影响作物在观测样地中的比例
气象要素	气象观测指标	气温	观测样地的空气温度
		湿度	观测样地的空气湿度
		降水	观测样地的降水量
		太阳辐射	观测样地的太阳辐射
		光合有效辐射	观测样地的光合有效辐射，即400~700 nm的太阳辐射
		风速	观测样地2 m高度风速
	气象灾害	灾害类型	观测样地发生的气象灾害类型，包括但不限于干旱、暴雨、台风、冰雹、洪涝等
		灾害开始日期	气象灾害发生的开始日期
		灾害结束日期	气象灾害发生的结束日期

（续表）

一级指标	二级指标	三级指标	观测内容
大气质量	大气沉降碳氮	干沉降可溶性有机碳含量	干沉降样品的总有机碳含量
		干沉降总氮含量	干沉降样品的总氮含量
		干沉降铵态氮含量	干沉降样品的铵态氮含量
		干沉降硝态氮含量	干沉降样品的硝态氮含量
		湿沉降可溶性有机碳含量	湿沉降样品的总有机碳含量
		湿沉降总氮含量	湿沉降样品的总氮含量
		湿沉降铵态氮含量	湿沉降样品的铵态氮含量
		湿沉降硝态氮含量	湿沉降样品的硝态氮含量
		湿沉降（即雨水）pH	湿沉降样品的 pH 值
	大气沉降污染物	干沉降 SO_4^{2-} 含量	干沉降样品的 SO_4^{2-} 含量
		干沉降苯并芘含量	干沉降样品的苯并芘含量
		湿沉降 SO_4^{2-} 含量	湿沉降样品的 SO_4^{2-} 含量
		湿沉降苯并芘含量	湿沉降样品的苯并芘含量
	气体浓度	大气 CO_2 浓度	观测样地大气 CO_2 浓度
		大气 O_3 浓度	观测样地大气 O_3 浓度
大田通量	大田通量	区域 CO_2 通量	观测样地的区域 CO_2 通量
		区域 CH_4 通量	观测样地的区域 CH_4 通量
	小区通量	小区 CO_2 通量	观测小区的 CO_2 通量
		小区 CH_4 通量	观测小区的 CH_4 通量
		小区 N_2O 通量	观测小区的 N_2O 通量
农田水分	土壤信息	类型	观测样地的土壤类型
		质地	观测样地的土壤质地
	土壤物理性状	团聚体含量	观测样地土壤样品的土壤团聚体含量
		容重	观测样地土壤样品的土壤容重
		孔隙度	观测样地土壤样品的土壤孔隙度
		田间持水量	观测样地土壤样品的土壤田间持水量
		萎蔫含水量	观测样地土壤样品的土壤凋萎含水量

（续表）

一级指标	二级指标	三级指标	观测内容
农田水分	土壤温湿度	5 cm 深度土壤温湿度	观测样地 5 cm 深度土壤温湿度
		15 cm 深度土壤温湿度	观测样地 15 cm 深度土壤温湿度
		30 cm 深度土壤温湿度	观测样地 30 cm 深度土壤温湿度
		50 cm 深度土壤温湿度	观测样地 50 cm 深度土壤温湿度
		100 cm 深度土壤温湿度	观测样地 100 cm 深度土壤温湿度
	灌溉信息	灌溉日期	观测样地的灌溉日期
		灌溉方式	观测样地的灌溉方式
		灌溉量	观测样地的每次灌溉量
	地下水	地下水位	观测样地的地下水位
灌溉水质量	灌溉水碳氮	pH	灌溉水样品的 pH 值
		总有机碳含量	灌溉水样品的总有机碳含量
		总氮含量	灌溉水样品的总氮含量
		铵态氮含量	灌溉水样品的铵态氮含量
		硝态氮含量	灌溉水样品的硝态氮含量
	灌溉水重金属	镉含量	灌溉水样品的镉含量
		汞含量	灌溉水样品的汞含量
		砷含量	灌溉水样品的砷含量
		铅含量	灌溉水样品的铅含量
		铬含量	灌溉水样品的铬含量
		镍含量	灌溉水样品的镍含量
	灌溉水水质	五日生化需氧量	灌溉水样品的五日生化需氧量
		化学需氧量	灌溉水样品的化学需氧量
		总磷含量	灌溉水样品的总磷含量
		速效磷含量	灌溉水样品的速效磷含量
		悬浮物	灌溉水样品的悬浮物
		阴离子表面活性剂含量	灌溉水样品的阴离子表面活性剂含量
		全盐量含量	灌溉水样品的全盐量含量

（续表）

一级指标	二级指标	三级指标	观测内容
灌溉水质量	灌溉水污染物	氯化物含量	灌溉水样品的氯化物含量
		硫化物含量	灌溉水样品的硫化物含量
		铜含量	灌溉水样品的铜含量
		锌含量	灌溉水样品的锌含量
		硒含量	灌溉水样品的硒含量
		氟化物含量	灌溉水样品的氟化物含量
		氰化物含量	灌溉水样品的氰化物含量
		石油类含量	灌溉水样品的石油类含量
		挥发酚含量	灌溉水样品的挥发酚含量
		苯含量	灌溉水样品的苯含量
		三氯乙醛含量	灌溉水样品的三氯乙醛含量
		丙烯醛含量	灌溉水样品的丙烯醛含量
		硼含量	灌溉水样品的硼含量
		有机氯农药含量	灌溉水样品的有机氯农药含量
		抗生素含量	灌溉水样品的抗生素含量
土壤肥力	土壤化学性状	全碳含量	观测样地土壤样品的全碳含量
		全氮含量	观测样地土壤样品的全氮含量
		全磷含量	观测样地土壤样品的全磷含量
		全钾含量	观测样地土壤样品的全钾含量
		总盐含量	观测样地土壤样品的总盐含量
	土壤速效养分	pH 值	观测样地土壤样品的 pH 值
		电导率	观测样地土壤样品的电导率
		有机质含量	观测样地土壤样品的有机质含量
		有机碳含量	观测样地土壤样品的有机碳含量
		铵态氮含量	观测样地土壤样品的铵态氮含量
		硝态氮含量	观测样地土壤样品的硝态氮含量
		有效磷含量	观测样地土壤样品的有效磷含量
		速效钾含量	观测样地土壤样品的速效钾含量

（续表）

一级指标	二级指标	三级指标	观测内容
污染事件	特殊污染事件	污染发生时间	污染事件发生的日期
		污染发生地点	污染事件发生的地点
		污染物类型	污染事件中污染物的类型
		污染地点与实验站位置关系	污染发生地点与实验站的位置关系，包括位置、距离
重金属污染	土壤重金属	镉含量	测样地土壤样品的镉含量
		汞含量	测样地土壤样品的汞含量
		砷含量	测样地土壤样品的砷含量
		铅含量	测样地土壤样品的铅含量
		铬含量	测样地土壤样品的铬含量
		镍含量	测样地土壤样品的镍含量
	农产品重金属	镉含量	观测样地籽粒/果实样品的镉含量
		汞含量	观测样地籽粒/果实样品的汞含量
		砷含量	观测样地籽粒/果实样品的砷含量
		铅含量	观测样地籽粒/果实样品的铅含量
		铬含量	观测样地籽粒/果实样品的铬含量
		镍含量	观测样地籽粒/果实样品的镍含量
有机污染物	地膜污染	地膜残留量	观测样地土壤中的地膜残留量
	土壤有机污染物	除草剂含量	观测样地土壤中的除草剂含量
		全氟化合物含量	观测样地土壤中的全氟化合物含量
		邻苯二甲酸酯类含量	观测样地土壤中的邻苯二甲酸酯类含量
		多氯联苯含量	观测样地土壤中的多氯联苯含量
		有机氯农药含量	观测样地土壤中的有机氯农药含量
		抗生素含量	观测样地土壤中的抗生素含量
	农产品有机污染物	除草剂含量	观测样地籽粒/果实样品的除草剂含量
		全氟化合物含量	观测样地籽粒/果实样品的全氟化合物含量
		邻苯二甲酸酯类含量	观测样地籽粒/果实样品的邻苯二甲酸酯类含量
		多氯联苯含量	观测样地籽粒/果实样品的多氯联苯含量
		有机氯农药含量	观测样地籽粒/果实样品的有机氯农药含量
		抗生素含量	观测样地籽粒/果实样品的抗生素含量

（续表）

一级指标	二级指标	三级指标	观测内容
微量元素	土壤微量元素	硒含量	观测样地土壤中的硒含量
		钴含量	观测样地土壤中的钴含量
		锑含量	观测样地土壤中的锑含量
		钼含量	观测样地土壤中的钼含量
		钒含量	观测样地土壤中的钒含量
		铜含量	观测样地土壤中的铜含量
		锌含量	观测样地土壤中的锌含量
		稀土元素含量	观测样地土壤中的稀土元素含量
	农产品微量元素	硒含量	观测样地籽粒/果实样品的硒含量
		钴含量	观测样地籽粒/果实样品的钴含量
		锑含量	观测样地籽粒/果实样品的锑含量
		钼含量	观测样地籽粒/果实样品的钼含量
		钒含量	观测样地籽粒/果实样品的钒含量
		铜含量	观测样地籽粒/果实样品的铜含量
		锌含量	观测样地籽粒/果实样品的锌含量
		稀土元素含量	观测样地籽粒/果实样品的稀土元素含量
投入品使用信息	肥料施用信息	施用日期	观测样地施用肥料的日期
		施用目的	观测样地施用肥料的目的，基肥或追肥
		施用方式	观测样地施用肥料的方式，包括但不限于撒施、沟施、条施或穴施等
		品种	观测样地施用肥料的品种，包括但不限于单质肥/复合肥/复混肥
		$N/P_2O_5/K_2O$ 含量	观测样地施用肥料的养分 $N/P_2O_5/K_2O$ 含量（%）
		有机肥有机质含量	观测样地施用有机肥的有机质含量（%）
		施用量	观测样地农药施用量，单位为千克/公顷（kg/ha）
	农药施用信息	施用日期	观测样地施用农药的日期
		品种	观测样地施用农药的品种
		有效成分	观测样地施用农药的有效成分
		有效成分含量	观测样地施用农药的有效成分含量（%）
		用量	观测样地的农药用量，单位为千克/公顷（kg/ha）或升/公顷（L/ha）

（续表）

一级指标	二级指标	三级指标	观测内容
投入品使用信息	除草剂施用信息	施用日期	观测样地施用除草剂的日期
		品种	观测样地施用除草剂的品种
		有效成分	观测样地施用除草剂的有效成分
		有效成分含量	观测样地施用除草剂的有效成分含量（%）
		用量	观测样地施用除草剂的用量，单位为千克/公顷（kg/ha）
	生长调节剂/营养液/叶面肥施用信息	施用日期	观测样地施用生长调节剂/营养液/叶面肥的日期
		品种	观测样地施用生长调节剂/营养液/叶面肥的品种
		有效成分	观测样地施用生长调节剂/营养液/叶面肥的有效成分
		有效成分含量	观测样地施用生长调节剂/营养液/叶面肥的有效成分含量（%）
		用量	观测样地施用生长调节剂/营养液/叶面肥的用量，单位为千克/公顷（kg/ha）
	农膜使用信息	铺膜日期	观测样地的铺膜日期
		品种	观测样地使用农膜的品种
		铺设方式	观测样地农膜的铺设方式，包括但不限于全覆膜、半覆膜等
		厚度	观测样地使用农膜的厚度，单位为毫米（mm）
		密度	观测样地使用农膜的密度，单位为克/厘米^3（g/cm^3）
		用量	观测样地农膜的用量，单位为千克/公顷（kg/ha）
		回收日期	观测样地农膜的回收日期
流域水环境	流域重金属	镉含量	流域水样的镉含量
		汞含量	流域水样的汞含量
		砷含量	流域水样的砷含量
		铅含量	流域水样的铅含量
		铬含量	流域水样的铬含量
		镍含量	流域水样的镍含量
	流域水文	水温	观测河流的年平均水温
		流速	流域水样的年平均流速
		流量	流域水样的总流量

（续表）

一级指标	二级指标	三级指标	观测内容
流域水环境	流域水水质	pH	流域水样的 pH
		五日生化需氧量	流域水样的五日生化需氧量
		化学需氧量	流域水样的化学需氧量
		总氮含量	流域水样的总氮含量
		总磷含量	流域水样的总磷含量
		速效氮含量	流域水样的速效氮含量
		速效磷含量	流域水样的速效磷含量
		悬浮物	流域水样的悬浮物
		阴离子表面活性剂含量	流域水样的阴离子表面活性剂含量
		臭味	流域水样的臭味
		浑浊度	流域水样的浑浊度
		色度	流域水样的色度
	流域污染物	氯化物含量	流域水样的氯化物含量
		硫化物含量	流域水样的硫化物含量
		铜含量	流域水样的铜含量
		锌含量	流域水样的锌含量
		硒含量	流域水样的硒含量
		氟化物含量	流域水样的氟化物含量
		氰化物含量	流域水样的氰化物含量
		石油类含量	流域水样的石油类含量
		挥发酚含量	流域水样的挥发酚含量
		苯含量	流域水样的苯含量
		三氯乙醛含量	流域水样的三氯乙醛含量
		丙烯醛含量	流域水样的丙烯醛含量
		硼含量	流域水样的硼含量
		有机氯农药含量	流域水样的有机氯农药含量
		抗生素含量	流域水样的抗生素含量

第三节 测定方法和规范

农业环境数据监测指标观测、分析方法如表 4-2 所示。

表 4-2 农业环境数据监测指标观测、分析方法

一级指标	二级指标	三级指标	观测方法及参考标准
作物种植信息	秸秆元素含量	全碳含量	NY/T 3498—2019
		全氮含量	NY/T 3498—2019
		全磷含量	NY/T 2421—2013
		全钾含量	NY/T 2420—2013
作物生产	作物碳氮	籽粒/果实中的碳氮含量	NY/T 3498—2019
		地上生物量中的碳氮含量	NY/T 3498—2019
		作物收获后地表残留物和根的碳氮含量	NY/T 3498—2019
	叶片生理特征	叶片光合速率	光合作用仪
		叶片呼吸速率	光合作用仪
		叶片蒸腾速率	光合作用仪
		叶绿素含量	叶绿素测定仪
		光响应曲线	光合作用仪
		CO_2 响应曲线	光合作用仪
	群体生理特征	太阳诱导叶绿素荧光	日光诱导叶绿素荧光观测系统
		群体光合速率	透明静态箱与光合作用测定仪
		群体呼吸速率	采用遮光法使用透明静态箱与光合作用测定仪
		群体蒸腾速率	透明静态箱与光合作用测定仪
		土壤呼吸速率	土壤呼吸仪
		叶面积指数	叶面积指数仪
气象要素	气象观测指标	气温	自动气象站
		湿度	自动气象站
		降水	自动气象站
		太阳辐射	自动气象站
		光合有效辐射	自动气象站
		风速	自动气象站

（续表）

一级指标	二级指标	三级指标	观测方法及参考标准
大气质量	大气沉降碳氮	干沉降可溶性有机碳含量	GB/T 30740—2014
		干沉降总氮含量	GB/T 609—2018
		干沉降铵态氮含量	LY/T 1231—1999
		干沉降硝态氮含量	GB/T 32737—2016
		湿沉降可溶性有机碳含量	HJ 501—2009
		湿沉降总氮含量	HJ 636—2012
		湿沉降铵态氮含量	LY/T 1231—1999
		湿沉降硝态氮含量	GB/T 32737—2016
		湿沉降（即雨水）pH	GB/T 22592—2008
	大气沉降污染物	干沉降 SO_4^{2-} 含量	GB/T 13025. 8—2012
		干沉降苯并芘含量	GB 5009. 27—2016
		湿沉降 SO_4^{2-} 含量	GB/T 13025. 8—2012
		湿沉降苯并芘含量	GB/T 11895—1989
	气体浓度	大气 CO_2 浓度	自动空气质量监测站
		大气 O_3 浓度	自动空气质量监测站
大田通量	大田通量	区域 CO_2 通量	通量塔
		区域 CH_4 通量	通量塔
	小区通量	小区 CO_2 通量	GB/T 31705—2015
		小区 CH_4 通量	GB/T 31705—2015
		小区 N_2O 通量	HY/T 263—2018
农田水分	土壤信息	类型	GB/T 17296—2009
		质地	GB/T 7845—1987
	土壤物理性状	团聚体含量	NY/T 1121. 20—2008
		容重	NY/T 1121. 4—2006
		孔隙度	STAS 7184/5—1978
		田间持水量	NY/T 1121. 22—2010
		萎蔫含水量	NY/T 2367—2013

（续表）

一级指标	二级指标	三级指标	观测方法及参考标准
农田水分	土壤温湿度	5 cm 深度土壤温湿度	自动气象站或土壤温湿度观测系统
		15 cm 深度土壤温湿度	自动气象站或土壤温湿度观测系统
		30 cm 深度土壤温湿度	自动气象站或土壤温湿度观测系统
		50 cm 深度土壤温湿度	自动气象站或土壤温湿度观测系统
		100 cm 深度土壤温湿度	自动气象站或土壤温湿度观测系统
	地下水	地下水位	地下水位监测仪
灌溉水质量	灌溉水碳氮	pH	GB/T 22592—2008
		总有机碳含量	HJ 501—2009
		总氮含量	HJ 636—2012
		铵态氮含量	LY/T 1231—1999
		硝态氮含量	GB/T 32737—2016
	灌溉水重金属	镉含量	HJ 700—2014
		汞含量	NY/T 3789—2020
		砷含量	HJ 700—2014
		铅含量	HJ 700—2014
		铬含量	GB/T 7466—1987
		镍含量	HJ 700—2014
	灌溉水水质	五日生化需氧量	HJ 505—2009
		化学需氧量	HJ 828—2017
		总磷含量	GB/T 11893—1989
		速效磷含量	NY/T 300—1995
		悬浮物	GB/T 11901—1989
		阴离子表面活性剂含量	GB/T 5173—2018
		全盐量含量	HJ/T 51—1999
	灌溉水污染物	氯化物含量	GB/T 11896—1989
		硫化物含量	GB/T 37907—2019
		铜含量	HJ 700—2014
		锌含量	GB/T 7472—1987

（续表）

一级指标	二级指标	三级指标	观测方法及参考标准
灌溉水质量	灌溉水污染物	硒含量	GB/T 11902—1989
		氟化物含量	HJ 488—2009
		氰化物含量	GB/T 37907—2019
		石油类含量	HJ 970—2018
		挥发酚含量	GB/T 5750. 4—2006
		苯含量	GB/T 39298—2020
		三氯乙醛含量	HJ 50—1999
		丙烯醛含量	GB/T 11934—1989
		硼含量	HJ 700—2014
		有机氯农药含量	HJ 699—2014
		抗生素含量	GB/T 4789. 27—2008
土壤肥力	土壤化学性状	全碳含量	GB/T 32573—2016
		全氮含量	LY/T 1228—2015
		全磷含量	LY/T 1232—2015
		全钾含量	LY/T 1234—2015
		总盐含量	LY/T 1251—1999
	土壤速效养分	pH 值	NY/T 1377—2007
		电导率	HJ 802—2016
		有机质含量	NY/T 1121. 6—2006
		有机碳含量	NY/T 1121. 6—2006
		铵态氮含量	中性、石灰性土壤参照 NY/T 1848—2010，酸性土壤参照 NY/T 1849—2010
		硝态氮含量	GB/T 32737—2016
		有效磷含量	NY/T 1121. 7—2014
		速效钾含量	NY/T 889—2004

（续表）

一级指标	二级指标	三级指标	观测方法及参考标准
重金属污染	土壤重金属	镉含量	GB/T 17141—1997
		汞含量	GB/T 22105. 1—2008
		砷含量	GB/T 22105. 2—2008
		铅含量	GB/T 22105. 3—2008
		铬含量	NY/T 1613—2008
		镍含量	NY/T 1613—2008
	农产品重金属	镉含量	GB 5009. 15—2014
		汞含量	GB 5009. 17—2021
		砷含量	GB 5009. 11—2014
		铅含量	GB 5009. 12—2017
		铬含量	GB 5009. 123—2014
		镍含量	GB 5009. 138—2017
有机污染物	地膜污染	地膜残留量	GB/T 25413—2010
	土壤有机污染物	除草剂含量	NY/T 2067—2011、NY/T 3835—2021
		全氟化合物含量	SN/T 5352—2021
		邻苯二甲酸酯类含量	HJ 1184—2021
		多氯联苯含量	HJ 922—2017
		有机氯农药含量	HJ 921—2017
		抗生素含量	NY/T 3787—2020
	农产品有机污染物	除草剂含量	GB 23200. 1—2016、GB/T 23200. 2—2016、GB 23200. 3—2016、GB 23200. 4—2016、GB 23200. 5—2016、GB 23200. 6—2016、GB 23200. 18—2016、GB 23200. 24—2016、GB 23200. 28—2016、GB 23200. 36—2016、GB 23200. 38—2016
		全氟化合物含量	SN/T 5352—2021
		邻苯二甲酸酯类含量	GB 5009. 271—2016
		多氯联苯含量	GB 5009. 190—2014
		有机氯农药含量	GB 5009. 19—2008
		抗生素含量	GB/T 4789. 27—2008

（续表）

一级指标	二级指标	三级指标	观测方法及参考标准
微量元素	土壤微量元素	中硒含量	NY/T 1104—2006
		钴含量	HJ 803—2016
		锑含量	HJ 803—2016
		钼含量	HJ 803—2016
		钒含量	HJ 803—2016
		铜含量	HJ 803—2016
		锌含量	HJ 803—2016
		稀土元素含量	GB/T 17417.1—2010
	农产品微量元素	硒含量	GB 5009.93—2017
		钴含量	GB 5009.268—2016
		锑含量	GB 5009.137—2016
		钼含量	GB 5009.268—2016
		钒含量	GB 5009.268—2016
		铜含量	GB 5009.13—2017
		锌含量	GB 5009.14—2017
		稀土元素含量	GB 5009.94—2012
流域水环境	流域重金属	镉含量	HJ 700—2014
		汞含量	NY/T 3789—2020
		砷含量	HJ 700—2014
		铅含量	HJ 700—2014
		铬含量	GB/T 7466—1987
		镍含量	HJ 700—2014
	流域水水质	pH	GB/T 22592—2008
		五日生化需氧量	HJ 505—2009
		化学需氧量	HJ 828—2017
		总氮含量	HJ 636—2012
		总磷含量	GB/T 11893—1989
		速效氮含量	GB/T 32737—2016
		速效磷含量	NY/T 300—1995
		悬浮物	GB/T 11901—1989
		阴离子表面活性剂含量	GB/T 5173—2018
		臭味	GB/T 5750.4—2006
		浑浊度	GB/T 5750.4—2006
		色度	GB/T 5750.4—2006

（续表）

一级指标	二级指标	三级指标	观测方法及参考标准
流域水环境	流域污染物	氯化物含量	GB/T 11896—1989
		硫化物含量	GB/T 37907—2019
		铜含量	HJ 700—2014
		锌含量	GB/T 7472—1987
		硒含量	GB/T 11902—1989
		氟化物含量	HJ 488—2009
		氰化物含量	GB/T 37907—2019
		石油类含量	HJ 970—2018
		挥发酚含量	GB/T 5750. 4—2006
		苯含量	GB/T 39298—2020
		三氯乙醛含量	HJ 50—1999
		丙烯醛含量	GB/T 11934—1989
		硼含量	HJ 700—2014
		有机氯农药含量	HJ 699—2014
		抗生素含量	GB/T 4789. 27—2008

第五章

国家作物种质资源数据中心观测指标体系

第一节　中心介绍

总体定位：国家作物种质资源数据中心依托于中国农业科学院作物科学研究所，旨在通过对长时间序列的作物种质资源观测鉴定数据的有效整合、深入分析和高效共享，建立起国家主导、布局合理的作物种质资源观测鉴定体系，筛选和创制现代种业持续健康发展需求的优异资源，为我国种业原始创新、育种及其生物技术产业奠定物质基础，为我国粮食安全和生态安全的战略性资源提供保障。

重点任务：中心针对我国粮食、棉油、果树、蔬菜、经济作物、热带作物、饲用作物、起源作物与乡土草种等种质资源的重大科研与产业需求开展重点任务观测监测工作，以作物种质资源有效保护和高效利用为核心，形成符合我国农业发展特色的种质资源观测鉴定体系，以满足适应气候变化、绿色生态形势下对农业育种的新需求，为我国现代种业发展提供有力支撑。中心根据观测鉴定的目标，将观测实验站承担的重点观测任务分为三类。一是种质资源的常规观测鉴定。每份资源连续观测两年，任务期内连续观测两批次，掌握资源特征特性，筛选优异资源，掌握资源的可利用性和利用范畴，提高资源利用效率。二是种质资源的长期定位观测鉴定。选择区域代表性品种开展长期定位观测，该部分资源除了观测记录常规观测中所需记录的指标外，还需重点观测可能受环境因素影响严重的指标，通过长期定位观测，分析环境变化对资源品质等方面的影响。三是专题观测鉴定。针对某一作物在育种或生产中面临的重大问题，开展专题观测鉴定，并对观测结果进行分析，形成专题报告，支撑科技创新和产业发展。

站点布局：中心在农业农村部的统一部署下，通过自主申报、摸底调研、审核确认，初期遴选实验站377家，初步建立了全国的作物种质资源观测鉴定体系。2018年和2019年，河南的管城站、甘肃的渭源站、广西的武鸣站、四川的红原站、重庆的江津站、黑龙江的道外站、吉林的长春站、江苏的南京站和海南的澄迈站共9个站点分别入选农业农村部确定的第一批和第二批国家农业科学观测实验站，辐射我国东北、华北、西北、华东、华南、西南地区主要农作物种质资源观测鉴定工作。9个挂牌站负责观测水稻、小麦、玉米等主要粮食作物，大豆、芝麻、花生等主要棉油作物、葡萄、桃、香蕉等主要果树作物，番茄、冬瓜、茄子等主要蔬菜作物，茶树、桑树、人参等主要经济作物，披碱草、老芒麦、苜蓿等主要饲草作物，共计近40种作物的观测鉴定任务。

观测标准：中心制定了296种作物的描述标准、数据标准和数据质量控制规范等标准规范共计894个，基本涵盖了我国主要的作物类型，由各作物权威专家制定而成，每种作物数据标准中包括了资源的基本信息、形态学特征和生物学特性、品质特性、抗逆性、抗病虫性和其他特征特性，能够有效规范作物种质资源的收集、整理、保存、鉴定、评价和利用，度量种质资源的遗传多样性和丰富度，确保作物种质资源的遗传完整性。

第二节　指标体系

观测任务及指标体系具体如表5-1所示。

表5-1　观测任务及指标体系

观测任务	一级指标	二级指标	三级指标
主要粮食作物种质资源鉴定评价	蚕豆表型鉴定评价	基本农艺性状，重要物候信息，品质和抗逆/抗病，其他性状	统一编号、库编号、引种号、采集号、种质名称、种质外文名、科名、属名、学名、原产国、原产省、原产地、海拔、经度、纬度、来源地、保存单位、单位编号、系谱、选育单位、育成年份、选育方法、种质类型、图像、观测地点、观测年份、播种期、出苗期、分枝期、现蕾期、见花期、开花期、终花期、成熟期、生育日数、生态习性、叶色、花青斑、小叶数目、小叶叶形、小叶叶缘、鲜茎色、旗瓣色、翼瓣色、翼瓣大小、初花节位、每花序花数、鲜荚色、鲜荚长、鲜荚宽、鲜荚重、荚表光滑度、开花习性、鲜籽粒色、株高、最高茎枝节数、节间长度、单株分枝、初荚节位、单株总荚数、单株实荚数、果节荚数、荚姿、成熟荚色、荚质、荚长、荚宽、裂荚率、单荚粒数、单株产量、粒形、种皮平滑度、粒色、脐色、脐宽、种皮破裂率、子叶色、百粒重、鲜粒维生素C含量、鲜

（续表）

观测任务	一级指标	二级指标	三级指标
主要粮食作物种质资源鉴定评价	蚕豆表型鉴定评价	基本农艺性状，重要物候信息，品质和抗逆/抗病，其他性状	粒固形物、粗蛋白、粗脂肪、总淀粉、直链淀粉、支链淀粉、天冬氨酸、苏氨酸、丝氨酸、谷氨酸、甘氨酸、丙氨酸、胱氨酸、缬氨酸、蛋氨酸、异亮氨酸、亮氨酸、酪氨酸、苯丙氨酸、赖氨酸、组氨酸、精氨酸、脯氨酸、色氨酸、芽期耐旱、成株期耐旱、芽期耐盐、苗期耐盐、苗期耐寒、花荚期耐冻、耐涝、锈病、赤斑病、褐斑病、蚜虫、潜叶蝇、食用类型、利用类型、核型、分子标记、备注
主要粮食作物种质资源鉴定评价	马铃薯表型鉴定评价	基本农艺性状，重要物候信息，品质和抗逆/抗病，其他性状	统一编号、圃编号、引种号、采集号、种质名称、种质外文名、科名、属名、学名、原产国、原产省、原产地、海拔、经度、纬度、来源地、保存单位、单位编号、系谱、选育单位、育成年份、选育方法、种质类型、图像、观测地点、幼芽基部形状、幼芽基部颜色、幼芽顶部形状、幼芽顶部颜色、幼芽基部绒毛密度、幼芽顶部绒毛密度、株型、株高、主茎数、分枝多少、植株繁茂性、茎粗、茎翼形状、茎横断面形状、茎色、叶色、叶表面光泽度、叶缘、叶片绒毛多少、小叶着生密集度、顶小叶宽度、顶小叶形状、顶小叶基部形状、托叶形状、花冠形状、花冠大小、花冠颜色、重瓣花、花柄节颜色、开花繁茂性、柱头形状、柱头颜色、柱头长短、花药形状、花药颜色、花粉育性、天然结实性、薯形、皮色、肉色、芽眼深浅、芽眼色、芽眼多少、薯皮光滑度、结薯集中性、块茎整齐度、块茎大小、块茎产量、休眠性、染色体倍性、胚乳平衡数、生育期、熟性、播种期、出苗期、现蕾期、始花期、开花期、盛花期、成熟期、收获期、干物质含量、淀粉含量、还原糖含量、粗蛋白含量、维生素 C 含量、食味、炸片品质、炸条品质、苗期耐寒性、耐旱性、普通花叶病毒、重花叶病毒、轻花叶病毒、潜隐花叶病毒、卷叶病毒、植株晚疫病、块茎晚疫病、早疫病、疮痂病、环腐病、青枯病、胞囊线虫、分子标记、备注、上传图片
主要粮食作物种质资源鉴定评价	木薯表型鉴定评价	基本农艺性状，重要物候信息，品质和抗逆/抗病，其他性状	统一编号、库编号、引种号、采集号、种质名称、种质外文名、科名、属名、学名、原产国、原产省、原产地、海拔、经度、纬度、来源地、保存单位、单位编号、系谱、选育单位、育成年份、选育方法、种质类型、图像、观测地点、株型、株高、主茎高度、主茎粗、主茎节数密度、整齐度、第一次分枝时间、第二次分枝时间、茎的分杈、幼苗生长情况、幼茎颜色、成熟主茎外皮颜色、成熟主茎内皮颜色、顶端未展开叶的颜色、嫩叶绒毛、第一片完全展开叶的颜色、叶脉颜色、裂片叶形、叶片裂叶数、中间裂叶长度、中间裂叶宽度、叶柄颜色、叶柄长度、花青素苷在叶柄的分布、叶痕突起程度、块根分布、结薯集中度、烂根情况、单株块根数、块根形状、块根缢痕、块根表皮、块根直径、块根外皮颜色、块根内皮颜色、块根肉质颜色、出苗期、齐苗期、分叉期、成熟特性、单株块根鲜重、单株茎叶鲜重、收获指数、干物率、淀粉率、氢氰酸含量、抗倒性、抗寒性、分子标记、染色体倍数、是否有花、种植期、收获期

（续表）

观测任务	一级指标	二级指标	三级指标
主要粮食作物种质资源鉴定评价	普通菜豆表型鉴定评价	基本农艺性状，重要物候信息，品质和抗逆/抗病，其他性状	统一编号、库编号、引种号、采集号、种质名称、种质外文名、科名、属名、学名、原产国、原产省、原产地、海拔（m）、经度、纬度、来源地、保存单位、单位编号、系谱、选育单位、育成年份、选育方法、种质类型、图像、观测地点、观测年份、播种期、出苗期、分枝期、见花期、开花期、终花期、成熟期、熟性、生育日数（d）、生长习性、下胚轴长度（cm）、下胚轴色、出土子叶色、叶色、叶形、小叶长度（cm）、鲜茎色、茎类型、花序类型、花序长度（cm）、每花序花数（朵）、花旗瓣颜色、花翼瓣颜色、初花节位、株高（cm）、株型、主茎节数（节）、节间长度（cm）、单株分枝数（个）、初荚节位、结荚习性、单株荚数（荚）、每果节荚数（荚）、果柄长度（cm）、荚色、荚形、荚面、荚尖端形状、荚长（cm）、荚宽（cm）、裂荚率（%）、单荚粒数（粒）、单株产量（g）、粒形、种皮光泽、种皮破裂率（%）、种皮斑纹、斑纹色、粒色、脐色、子叶色、百粒重（g）、粗蛋白（%）、粗脂肪（%）、总淀粉（%）、直链淀粉（%）、支链淀粉（%）、天冬氨酸（%）、苏氨酸（%）、丝氨酸（%）、谷氨酸（%）、甘氨酸（%）、丙氨酸（%）、胱氨酸（%）、缬氨酸（%）、蛋氨酸（%）、异亮氨酸（%）、亮氨酸（%）、酪氨酸（%）、苯丙氨酸（%）、赖氨酸（%）、组氨酸（%）、精氨酸（%）、脯氨酸（%）、色氨酸（%）、芽期耐旱性、成株期耐旱性、芽期耐盐性、苗期耐盐性、白粉病、锈病、炭疽病、角斑病、枯萎病、普通花叶病、黄花叶病、蚜虫、红蜘蛛、食用类型、核型、分子标记、备注、上传图片
主要粮食作物种质资源鉴定评价	水稻表型鉴定评价	基本农艺性状，重要物候信息，品质和抗逆/抗病，其他性状	统一编号、库编号、引种号、采集号、种质名称、种质外文名、科名、属名、学名、原产国、原产省、原产地、海拔（m）、经度、纬度、来源地、保存单位、单位编号、系谱、选育单位、育成年份、选育方法、种质类型、图像、观测地点、亚种类型、水旱性、黏糯性、光温性、熟期性、播种期、始穗期、抽穗期、齐穗期、成熟期、全生育期、株高（cm）、茎秆长（cm）、穗长（cm）、穗粒数（粒）、有效穗数（个）、穗抽出度、穗型、二次枝梗、穗立形状、结实率（%）、千粒重（g）、谷粒长度（mm）、谷粒宽度（mm）、谷粒厚度（mm）、谷粒形状、糙米长度（mm）、糙米宽度（mm）、糙米厚度（mm）、糙米形状、种皮色、芽鞘色、叶鞘色、叶片色、叶片绒毛、叶片卷曲度、剑叶长度（cm）、剑叶宽度（cm）、剑叶角度、倒二叶长度（cm）、倒二叶宽度（cm）、倒二叶角度、叶耳颜色、叶舌颜色、叶舌形状、叶枕颜色、叶节颜色、主茎叶片数（片）、茎秆角度、茎秆粗细（mm）、茎秆节颜色、茎秆节间色、茎节包露、分蘖力、倒伏性、柱头色、柱头单外露率（%）、柱头双外露率（%）、柱头总外露率（%）、花药形状、花药颜色、花药长度（mm）、开颖角度、开颖时间（min）、花时范围、花时高峰、芒长、芒色、芒分布、护颖色、护颖长短、护颖形状、颖尖色、颖色、颖毛、落粒性、不育类型、不育株率（%）、花药开裂程度、花粉不育度（%）、花粉败育类型、不育系可恢力、保持系保持力、恢复系恢复力、不育系异交结实率（%）、亲和性、亲和谱、糙米率（%）、精米率（%）、整

（续表）

观测任务	一级指标	二级指标	三级指标
主要粮食作物种质资源鉴定评价	水稻表型鉴定评价	基本农艺性状，重要物候信息，品质和抗逆/抗病，其他性状	精米率（%）、粒长（mm）、粒宽（mm）、长宽比、垩白粒率（%）、垩白大小（%）、垩白度（%）、透明度、香味、糊化温度（级）、胶稠度（mm）、直链淀粉（%）、粗淀粉（%）、粗蛋白（%）、赖氨酸（%）、粗脂肪（%）、苗期抗旱性、全生育期抗旱性、发芽期耐盐性、苗期耐盐性、发芽期耐碱性、发芽期耐冷性、芽期耐冷性、苗期耐冷性、孕穗期耐冷性、耐热性、苗瘟、叶瘟、穗颈瘟、穗节瘟、白叶枯病、纹枯病、细菌性条斑病、白背飞虱、褐飞虱、稻瘿蚊、二化螟、三化螟、用途、分子标记、备注、上传图片
主要粮食作物种质资源鉴定评价	小麦表型鉴定评价	基本农艺性状，重要物候信息，品质和抗逆/抗病，其他性状	统一编号、库编号、引种号、采集号、种质名称、种质外文名、科名、属名、学名、原产国、原产省、原产地、海拔（m）、经度、纬度、来源地、保存单位、单位编号、系谱、选育单位、育成年份、选育方法、种质类型、图像、观测地点、冬春小麦、冬春性、播种期、出苗期、返青期、拔节期、抽穗期、开花期、成熟期、熟性、全生育期（d）、光周期反应、休眠期、芽鞘色、幼苗习性、苗色、苗叶长（cm）、苗叶宽（cm）、叶片绒毛、株型、叶姿、旗叶长度、旗叶宽度、旗叶角度、叶耳色、花药色、穗蜡质、茎蜡质、叶蜡质、穗型、秆色、芒形、芒色、壳色、壳毛、护颖形状、颖肩、颖嘴、颖脊、粒形、腹沟、冠毛、粒色、粒质、粒大小、饱满度、籽粒整齐度、株高（cm）、植株整齐度、分蘖数（个）、有效分蘖数（个）、穗长（cm）、小穗着生密度、每穗小穗数（个）、不育小穗数（个）、小穗粒数（粒）、穗粒数（粒）、穗粒重（g）、千粒重（g）、生物学产量（g）、落粒性、抗倒伏性、种子含水量（%）、容重（g/L）、硬度（S）、粗蛋白含量（%）、赖氨酸含量（%）、沉降值（mL）、湿面筋含量（%）、芽期抗旱性、苗期抗旱性、全期抗旱性、芽期耐盐性、苗期耐盐性、全期耐盐性、抗寒性、耐湿性、抗穗发芽、条锈病抗性、叶锈病抗性、秆锈病抗性、白粉病抗性、赤霉病抗性、根腐病抗性、纹枯病抗性、黄矮病抗性、全蚀病抗性、蚜虫抗性、吸浆虫抗性、杂交小麦、小麦非整倍体、核型、近等基因系、重组近交系、DH 群体、分子标记、备注、上传图片
主要粮食作物种质资源鉴定评价	野生稻表型鉴定评价	基本农艺性状，重要物候信息，品质和抗逆/抗病，其他性状	全国统一编号、种质库编号、种质圃编号、引种号、采集号、种质名称、外文名、科名、属名、学名、原产国、原产省、原产县、海拔（m）、经度、纬度、来源地、保存单位、保存单位编号、采集单位、采集年份、种质类型、样本形态、图像、观测地点、生境水旱状况、生境受光状况、叶耳、叶耳颜色、叶耳绒毛、生长习性、茎基部硬度、茎基部叶鞘色、鞘内色、分蘖力、见穗期、开花时间、叶片绒毛、叶色、叶质地、剑叶角度、叶舌绒毛、叶舌形状、剑叶叶舌长（mm）、倒二叶舌长（mm）、叶舌颜色、叶枕颜色、穗型、开花期颖色、开花期护颖色、芒、开花期芒色、开花期芒质地、开花期颖尖色、柱头颜色、花药长度（mm）、样本异质性、剑叶长（cm）、剑叶宽（mm）、叶片衰老、小花育性、地下茎、茎秆长度（cm）、茎秆直径（mm）、茎秆强度、节间颜色、最高节间长度（cm）、高位分蘖、节隔膜质地、节隔膜颜色、穗基部绒毛、穗颈长短、

（续表）

观测任务	一级指标	二级指标	三级指标
主要粮食作物种质资源鉴定评价	野生稻表型鉴定评价	基本农艺性状，重要物候信息，品质和抗逆/抗病，其他性状	穗落粒性、穗分枝、小穗柄长度（mm）、穗长（cm）、谷粒长（mm）、谷粒宽（mm）、谷粒长宽比、护颖形状、护颖颖尖、成熟期护颖色、护颖长（mm）、内外颖表面、内外颖绒毛、成熟期颖色、成熟期颖尖色、芒长（cm）、百粒重（g）、种皮颜色、胚大小、垩白大小、胚乳类型、糙米长（mm）、糙米宽（mm）、糙米长宽比、外观品质、蛋白质含量（%）、赖氨酸含量（%）、直链淀粉含量（%）、苗期耐冷性、花期耐冷性、苗期耐旱性、花期耐旱性、耐涝性、耐盐性、白叶枯病、苗期稻瘟病、穗颈瘟、细菌性条斑病、纹枯病、褐飞虱、白背飞虱、稻瘿蚊、稻纵卷叶螟、三化螟、二化螟、核型、分子标记、备注、上传图片、南方水稻黑条矮缩病抗性
主要粮食作物种质资源鉴定评价	玉米表型鉴定评价	基本农艺性状，重要物候信息，品质和抗逆/抗病，其他性状	统一编号、库编号、引种号、采集号、种质名称、种质外文名、科名、属名、学名、原产国、原产省、原产地、海拔（m）、经度、纬度、来源地、保存单位、单位编号、系谱、选育单位、育成年份、选育方法、种质类型、图像、观测地点、播种期、出苗期、抽雄期、开花散粉期、吐丝期、成熟期、播种至出苗（d）、出苗至抽雄（d）、抽雄至散粉（d）、散粉至吐丝（d）、吐丝至成熟（d）、生育日数（d）、有效积温（℃）、种植密度（株/hm^2）、幼苗叶色、幼苗鞘色、幼苗强弱、分蘖性、株型、雄穗分枝数、雄穗长（cm）、护颖颜色、花药颜色、花丝颜色、株高（cm）、穗位高（cm）、主茎叶片数（片）、上位穗位叶、穗上叶角度、穗上叶叶色、穗上叶叶长（cm）、穗上叶叶宽（cm）、支持根强弱、植株整齐度、有效分蘖数（个）、有效穗数（个）、双穗率（%）、空秆率（%）、茎粗（cm）、倒伏率（%）、倒折率（%）、雌穗包被、穗柄长（cm）、穗柄角度（°）、单株穗鲜重（g）、子粒含水量（%）、穗型、穗长（cm）、穗尖长（cm）、穗粗（cm）、穗行数、行粒数（粒）、粒形、子粒形状、子粒大小、粒色、轴色、轴粗（cm）、单株穗干重（g）、单株粒重（g）、出籽率（%）、千粒重（g）、子粒容重（g/L）、子粒产量（kg/hm^2）、鲜饲产量（kg/hm^2）、生物产量（kg/hm^2）、配合力、总淀粉（%）、直链淀粉（%）、支链淀粉（%）、可溶性糖（%）、粗蛋白（%）、赖氨酸（%）、粗脂肪（%）、脂肪酸值、维生素E（%）、爆裂率（%）、膨化倍数（倍）、食味品质、芽期耐旱性、苗期耐旱性、花期耐旱性、后期耐旱性、芽期耐寒性、苗期耐寒性、后期耐寒性、耐盐性、苗期耐涝性、耐密性、大斑病、小斑病、弯孢菌叶斑病、灰斑病、圆斑病、褐斑病、锈病、丝黑穗病、瘤黑粉病、纹枯病、茎腐病、穗腐病、疯顶病、粗缩病、矮花叶病、玉米螟、育性、不育类型、不育胞质类群、核型、指纹图谱、用途、备注、上传图片

（续表）

观测任务	一级指标	二级指标	三级指标
主要棉油作物种质资源鉴定评价	大豆表型鉴定评价	基本农艺性状，重要物候信息，品质和抗逆/抗病，其他性状	统一编号、库编号、引种号、采集号、种质名称、外文名、科名、属名、学名、原产国、原产省、原产地、海拔、经度、纬度、来源地、保存单位、保存单位编号、系谱、选育单位、育成年份、选育方法、种质类型、利用类型、播种类型、生态区、生育期组、图像、观测地点、花色、花序长短、泥膜、粒色、野生大豆粒色、种皮光泽、粒形、籽粒大小、种皮裂纹、子叶色、脐色、绒毛色、绒毛密度、绒毛直立程度、荚色、叶柄长短、小叶数目、叶形、叶色、小叶大小、落叶性、生长习性、结荚习性、株高、有效分枝数、株型、下胚轴颜色、大豆主茎、主茎节数、茎粗、茎形状、茎秆强度、倒伏性、根瘤、单株荚数、500 g 荚数、荚大小、荚长、荚宽、荚形、底荚高度、裂荚性、单株粒数、每荚粒数、单株粒重、鲜百粒重、百粒重、单位面积产量、生育月份、生育日数、播种期、出苗期、开花期、结荚期、鼓粒期、成熟期、粗蛋白、赖氨酸、色氨酸、苯丙氨酸、蛋氨酸、苏氨酸、异亮氨酸、亮氨酸、缬氨酸、胱氨酸、球蛋白 11S/7S、过敏蛋白 28 K、过敏蛋白 30 K、Kunitz 抑制剂、粗脂肪、硬脂酸、棕榈酸、油酸、亚油酸、亚麻酸、脂氧酶、糖含量、异黄酮、芽期耐盐、苗期耐盐、花荚期耐盐、芽期耐旱、成株耐旱、芽期耐冷、耐酸铝、耐酸雨、大豆锈病、大豆灰斑病、大豆霜霉病、紫斑病、细菌性斑点病、大豆花叶病、疫霉根腐病、胞囊线虫病、大豆食心虫、大豆蚜虫、豆荚螟、豆秆黑潜蝇、食叶性害虫、指纹图谱编号、核心种质编号、备注
主要棉油作物种质资源鉴定评价	花生表型鉴定评价	基本农艺性状，重要物候信息，品质和抗逆/抗病，其他性状	统一编号、库编号、圃编号、引种号、采集号、种质名称、种质外文名、科名、属名、学名、倍性、原产国、原产省、原产地、海拔（m）、经度、纬度、来源地、保存单位、单位编号、系谱、选育单位、育成年份、选育方法、种质类型、植物学类型、图像、观测地点、生育周期、主根长（cm）、主根粗（mm）、根体积（mL）、根鲜重（g）、根干重（g）、主根根瘤数（个）、侧根根瘤数（个）、总根瘤数（个）、株型、主茎花、分枝花、一次分枝数（个）、二次分枝数（个）、三次分枝数（个）、总分枝数（个）、结果枝数（个）、分枝性、主茎高（cm）、第一侧枝长（cm）、有效枝长（cm）、结实内节数（节）、株宽（cm）、主茎色素、分枝色素、主茎绒毛、分枝绒毛、茎粗度（mm）、主茎节数（节）、叶色、叶形、叶绒毛、叶缘、叶尖、叶片长（cm）、叶片宽（cm）、小叶间距（cm）、叶柄长（cm）、花序、旗瓣色、旗瓣标记色、旗瓣宽（mm）、旗瓣长（mm）、花萼管长（cm）、荚果形状、粒/荚、果嘴、果腰、荚果网纹、果脊、荚果长（mm）、荚果宽（mm）、百果重（g）、500 g 果数、种子形状、种皮颜色、种皮裂纹、种子长（mm）、种子宽（mm）、百仁重（g）、出仁率（%）、单株生产力（g）、单株结果数（个）、鲜种子休眠期（d）、干种子休眠期（d）、果针长度（cm）、果针生长习性、播种期、出苗期、出苗整齐度、生长势、始花期、盛花期、终花期、成熟期、收获期、出苗天数（d）、开花天数（d）、生育天数（d）、荚果整齐度、果形整齐度、种子整齐度、种形整齐度、蛋白质含量（%）、含油量（%）、棕榈酸（%）、硬脂酸（%）、油酸（%）、亚油酸（%）、花生酸（%）、花生烯

（续表）

观测任务	一级指标	二级指标	三级指标
主要棉油作物种质资源鉴定评价	花生表型鉴定评价	基本农艺性状，重要物候信息，品质和抗逆/抗病，其他性状	酸（%）、山嵛酸（%）、油/亚比、天冬氨酸（%）、丝氨酸（%）、谷氨酸（%）、甘氨酸（%）、组氨酸（%）、精氨酸（%）、苏氨酸（%）、丙氨酸（%）、脯氨酸（%）、胱氨酸（%）、酪氨酸（%）、缬氨酸（%）、蛋氨酸（%）、赖氨酸（%）、异亮氨酸（%）、亮氨酸（%）、苯丙氨酸（%）、耐旱性、耐盐性、耐酸性、耐湿性、锈病、早斑病、晚斑病、青枯病、黄曲霉菌侵染、黄曲霉菌产毒、网斑病、根结线虫、条纹病毒、矮化病毒、黄瓜花叶病毒、黄斑坏死病毒、蚜虫、红蜘蛛、固氮能力、用途、核型、分子标记、备注、上传图片
主要棉油作物种质资源鉴定评价	芝麻表型鉴定评价	基本农艺性状，重要物候信息，品质和抗逆/抗病，其他性状	统一编号、库编号、引种号、采集号、种质名称、种质外文名、科名、属名、学名、原产国、原产省、原产地、海拔（m）、经度、纬度、来源地、保存单位、单位编号、系谱、选育单位、育成年份、选育方法、种质类型、图像、观测地点、子叶颜色、子叶形状、胚轴长度（cm）、生长习性、植株型态、根系类型、株高（cm）、茎绒毛稀密、茎绒毛长短、茎横切面、株型、分枝类型、分枝部位、始分枝高度（cm）、主茎分枝状态、一次分枝数（个）、二次分枝数（个）、成熟主茎颜色、主茎始蒴高度（cm）、主茎果轴长度（cm）、节间长度（cm）、叶色、叶绒毛稀密、叶绒毛长短、叶序、叶形、基部叶缘、基部叶开裂、基部叶长（cm）、基部叶宽（cm）、中部叶长（cm）、中部叶宽（cm）、顶部叶长（cm）、顶部叶宽（cm）、叶角、基部叶柄长（cm）、中部叶柄长（cm）、顶部叶柄长（cm）、叶柄颜色、叶柄绒毛稀密、叶柄绒毛长短、苗至初花天数（d）、每叶腋花数、花旁蜜腺、花旁蜜腺颜色、始花节位、花冠长度（cm）、花冠绒毛稀密、花冠绒毛长短、花冠开放类型、花冠颜色、筒内底部花斑、花唇类型、短唇缘颜色、长唇缘颜色、花萼长度（cm）、花萼尖颜色、花萼绒毛稀密、花萼绒毛长短、雄蕊数、花丝颜色、花药颜色、雌蕊长短、柱头裂数、每株蒴果数（个）、蒴果棱数、蒴果心皮数、二心皮蒴果形状、每叶腋蒴果数、蒴果绒毛稀密、蒴果绒毛长短、蒴果长（cm）、蒴果宽（cm）、蒴果厚（cm）、蒴果颜色、裂蒴性、蒴果尖、蒴果皮厚、每蒴粒数（粒）、种皮花纹、种皮色、种子形状、皮壳率（%）、千粒重（g）、单株种子产量（g）、播种期、出苗期、初花期、盛花期、终花期、成熟期、生育期（d）、全生育期（d）、粗蛋白质含量（%）、粗脂肪含量（%）、脂肪酸含量（%）、氨基酸含量、木酚素含量、木酚素成分含量、微量元素含量、维生素 E 含量、粗纤维含量（%）、水分含量（%）、耐渍性、茎点枯病、枯萎病、疫病、病毒病、用途、分子标记、染色体数（条）、倍数性、备注、上传图片、苗至初花天数

（续表）

观测任务	一级指标	二级指标	三级指标
主要果树种质资源鉴定评价	菠萝蜜表型鉴定评价	基本农艺性状，重要物候信息，品质和抗逆/抗病，其他性状	统一编号、库编号、引种号、采集号、种质名称、种质外文名、科名、属名、学名、原产国、原产省、海拔、经度、纬度、来源地、保存单位、单位编号、系谱、选育单位、育成年份、选育方法、种质类型、图像、观测地点、树龄、树冠形状、生长习性、顶端优势、树势、主干表皮、主干颜色、主干高度（m）、叶片长度（cm）、叶片宽度（cm）、叶形指数、叶片形状、叶尖形状、嫩叶颜色、成熟叶片颜色、叶柄形状、叶柄长度（cm）、叶柄生长角度、枝条密度、枝条排列方式、花型、雄花形状、雌花形态、雌花香味、花序颜色、雌花序密度、初果树龄、始花时间、盛花时间、果实成熟期、坐果率（%）、投产期、结果稳定性、果形、果柄长度（cm）、果柄直径、果蒂形状、果实长度（cm）、果实直径（cm）、果形指数、果实重量（kg）、果皮厚度、果皮颜色、种子长度（mm）、种子宽度（mm）、果肉品质综合评价、果实外观综合评价、种子形状、果实采收期、果实贮藏期、果肉纤维含量、果肉质地、果肉风味、果肉香气、抗寒性
主要果树种质资源鉴定评价	柑橘表型鉴定评价	基本农艺性状，重要物候信息，品质和抗逆/抗病，其他性状	统一编号、圃编号、引种号、采集号、种质名称、种质外文名、科名、属名、学名、原产国、原产省、原产地、海拔（m）、经度、纬度、来源地、保存单位、单位编号、系谱、选育单位、选育年份、选育方法、种质类型、图像、观测地点、主要特性、主要用途、树姿、生长势、树冠形状、春梢粗度（mm）、节间长度（mm）、刺数量、刺长度（mm）、枝梢密度、叶生长习性、叶型、嫩梢绒毛、嫩叶颜色、叶身形状、叶尖形状、叶基形状、叶柄长（mm）、叶片长（mm）、叶片宽（mm）、叶形指数、翼叶形状、翼叶长（mm）、翼叶宽（mm）、叶缘、一年开花次数、花着生状态、花朵着生位置、花性、花瓣数（瓣）、花瓣颜色、花粉数量、花瓣长（mm）、花瓣宽（mm）、雄蕊数（枚）、花丝离合状态、花柱状态、果实形状、果顶形状、果顶放射沟纹、果顶印圈有无、果顶凸环有无、脐、花柱宿存与否、柱痕开裂、果基形状、果基放射沟纹、单果重（g）、果实横径（mm）、果实纵径（mm）、果形指数、果皮颜色、果面光滑度、果面绒毛、油胞密度、油胞凹凸、果皮厚度（mm）、剥皮难易、果心充实度、果心大小（mm）、白皮层颜色、囊瓣数（瓣）、果肉颜色、汁胞长短、汁胞大小、囊壁厚薄、种子数量（粒）、种子粒重（g）、种子形状、胚类型、子叶颜色、萌芽期、初花期、盛花期、终花期、成熟期、耐贮性、采前落果多少、日灼发生程度、浮皮果发生程度、裂果发生程度、果肉质地、果汁多少、囊壁质地、香气、果肉风味、苦味、麻味、可溶性固形物（%）、可滴定酸含量、总糖含量、维生素C、固酸比、可食率（%）、出汁率（%）、耐寒性、耐盐性、耐碱性、溃疡病、疮痂病、脚腐病、衰退病、线虫、染色体倍数性、分子标记、备注

（续表）

观测任务	一级指标	二级指标	三级指标
主要果树种质资源鉴定评价	火龙果表型鉴定评价	基本农艺性状，重要物候信息，品质和抗逆/抗病，其他性状	统一编号、引种号、收集号、种质名称、种质外文名、科名、属名、学名、原产地、来源地、收集地、海拔、经度、纬度、收集时间、保存单位、保存单位编号、种质类型、主要用途、遗传背景、系谱、图像、选育方法、观测地点、株型、生长势、茎蔓状态、棱缘形状、茎蔓颜色、茎蔓棱边木栓化程度、茎蔓表面附着粉状物、茎蔓宽度（cm）、茎蔓棱厚度（mm）、茎蔓刺座间距（cm）、茎蔓刺座位置、茎蔓刺座木栓化、茎蔓刺的类型、单个刺座刺数量、刺的长度（mm）、嫩梢末端颜色、刚毛、花蕾尖端形状、花蕾颜色、花萼片边缘及尖端颜色、花开放形状、花朵带刺情况、花朵长度（cm）、花朵直径（cm）、花瓣末端颜色、柱头形态、柱头打开程度、柱头颜色、柱头与花药相对位置、柱头与花药高度差（cm）、花的香气、花粉、柱头裂片数量、柱头裂片长度（mm）、花柱长度（cm）、单果重（g）、果实中上部萼片状态、果实上部萼片长度（cm）、果实萼片基部宽度（cm）、果实中上部萼片厚度（mm）、果实萼片数量（片）、果实萼片末端中央斑线、果实上部萼片末端、果实纵径（cm）、果实横径（cm）、果实纵径/横径、果实形状、果脐直径（mm）、果脐深度（mm）、果皮带刺情况、外果皮颜色、果面光亮度、果皮硬度、果皮厚（mm）、果肉硬度、果肉颜色、果实可食率（%）、果实种子数量、种子大小、果肉质地、果肉风味、草腥味、果肉中心 TSS（%）、果肉边缘 TSS（%）、可溶性糖（%）、可滴定酸（%）、维生素 C 含量、膳食纤维含量、耐贮藏性、从现蕾到开花时间、花的数量、开花时间、谢花时间、果实生长发育期、头批花现蕾期、末批花现蕾期、头批花开花期、末批花开花期、头批果实成熟期、末批果实成熟期、开花结果批次、大批次结果批次、自然授粉坐果率（%）、自然授粉商品果率（%）、裂果率（%）、平均单株产量、耐寒性、溃疡病、软腐病、基腐病、蚜虫、蚧壳虫、分子标记、备注、耐晒性、上传图片
主要果树种质资源鉴定评价	荔枝表型鉴定评价	基本农艺性状，重要物候信息，品质和抗逆/抗病，其他性状	统一编号、圃编号、引种号、采集号、种质名称、种质外文名、科名、属名、学名、原产国、原产省、原产地、海拔（m）、经度、纬度、来源地、保存单位、单位编号、系谱、选育单位、育成年份、选育方法、种质类型、图像、观测地点、树型、树姿、树势、树干表面色、树干光滑度、枝条颜色、枝条皮孔密度、枝条皮孔形状、枝条粗度（cm）、枝条复叶数（张）、枝条节间长（cm）、复叶主轴长（cm）、小叶间距（cm）、复叶柄粗度（mm）、复叶柄颜色、复叶柄形状、小叶对数（对）、小叶着生方式、小叶形状、小叶柄颜色、小叶柄形状、小叶枕、叶基形状、叶姿、叶缘姿态、叶尖形状、叶片厚度、小叶柄长度（cm）、小叶柄粗度、小叶长（cm）、小叶宽（cm）、小叶长宽比、叶面光泽、叶面颜色、叶背颜色、主脉颜色、主脉粗度、侧脉明显度、嫩枝颜色、嫩叶颜色、小花密度、始花期、终花期、开花历期（d）、总花量（朵/穗）、雌花量（朵/穗）、雄花量（朵/穗）、雄能花量（朵/穗）、两性花量（朵/穗）、畸形花量（朵/穗）、雌花比例（%）、雌雄花开放型、雌花历期（d）、雌雄花相遇期（d）、花序形状、花序轴颜色、花序轴褐毛、花序轴皮孔、花序长（cm）、花序宽（cm）、花序宽长比、侧花序间距（cm）、侧花序轴粗度（mm）、雄花花柄颜色、雄花花萼形状、雄花花萼颜色、雄花花

（续表）

观测任务	一级指标	二级指标	三级指标
主要果树种质资源鉴定评价	荔枝表型鉴定评价	基本农艺性状，重要物候信息，品质和抗逆/抗病，其他性状	萼褐毛、雄花花萼白毛、花丝开张度、雄花花盘颜色、退化雌蕊形状、退化雌蕊顶色、退化雌蕊基色、雄花高（mm）、雄花宽（mm）、雄花花柄长（mm）、雄花雄蕊数（枚）、雄花雄蕊长（mm）、雄花花盘直径（mm）、花粉发芽率（%）、雌花花柄颜色、雌花花萼形状、雌花花萼颜色、雌花花萼褐毛、雌花花萼白毛、雌花花盘颜色、子房颜色、子房褐毛、花柱褐毛、子房柄、子房室明显度、二裂柱头形态、柱头开裂程度、退化雄蕊开张、雌花高（mm）、雌花宽（mm）、雌花花柄长度（mm）、退化雄蕊数（枚）、退化雄蕊长度（mm）、雌花花盘直径（mm）、子房大小（mm）、花柱长度（mm）、果实成熟期、果形、果皮颜色、果肩形状、果顶形状、龟裂片形状、龟裂片大小、龟裂片排列、裂片峰形状、缝合线、缝合线深度、缝合线宽度、缝合线颜色、龟裂纹、龟裂纹深度、龟裂纹宽度、龟裂放射纹、龟裂放射纹位、单果重（g）、果实纵径（cm）、果实大横径（cm）、果实小横径（cm）、种座长度（mm）、种座直径（mm）、果肉厚度（cm）、果皮厚度（mm）、果皮重（g）、皮重百分率（%）、无核率（%）、种皮颜色、核重百分率（%）、焦核率（%）、饱满种子形状、败育种子形状、饱种子核纹、饱种子单核重（g）、饱种子纵径（cm）、饱种子大横径（cm）、饱种子小横径（cm）、败种子单核重（g）、败种子纵径（cm）、败种子大横径（cm）、败种子小横径（cm）、果肉颜色、流汁情况、果肉内膜褐色、肉质、汁液、风味、香气、涩味、可食率（%）、可溶性固形物（%）、还原糖、蔗糖含量、上传图片
主要果树种质资源鉴定评价	龙眼表型鉴定评价	基本农艺性状，重要物候信息，品质和抗逆/抗病，其他性状	统一编号、圃编号、引种号、采集号、种质名称、种质外文名、科名、属名、学名、原产国、原产省、原产地、海拔（m）、经度、纬度、来源地、保存单位、单位编号、系谱、选育单位、育成年份、选育方法、种质类型、图像、观测地点、树姿、冠形、树势、树皮裂纹、主干颜色、秋梢颜色、秋梢长度（cm）、秋梢粗度（mm）、枝条韧度、叶轴长度（cm）、叶柄长度（cm）、叶柄粗度（mm）、叶柄颜色、小叶对数（对）、小叶排列方式、小叶重叠程度、叶片颜色、叶面光泽、小叶形状、叶面形态、叶尖形状、叶基形状、叶缘形状、叶脉、小叶长度（cm）、小叶宽度（cm）、小叶长/宽、花序长度（cm）、花序宽度（cm）、花序支轴数（个）、支轴紧密度、花序主轴颜色、花蕾颜色、花序花朵数（朵）、花性比例、柱头形状、雄蕊数（枚）、花冠直径（mm）、新梢萌发期、侧花序分化期、初花期、盛花期、终花期、生理落果期、坐果率（%）、成熟期、丰产性、始果期、果穗长度（cm）、果实紧密度、果穗重（g）、穗粒数（粒）、果梗质地、果形、单果重（g）、果实大小、果实纵径（cm）、果实横径（cm）、果实侧径（cm）、果肩、果顶、龟裂纹、疣状突起、放射纹、果皮颜色、果皮光滑度、果皮质地、果皮厚度（mm）、果皮重（g）、种子纵径（cm）、种子横径（cm）、种子侧径（cm）、种子形状、种顶面观、种皮颜色、种皮光滑度、种脐形状、种脐大小、整齐度、果肉颜色、果肉透明度、果肉厚度（mm）、流汁程度、汁液、离核难易、果肉质地、化渣程度、风味、香味、可溶性固形物（%）、可食率（%）、维生素C含量、可溶性糖（%）、种子重

（续表）

观测任务	一级指标	二级指标	三级指标
主要果树种质资源鉴定评价	龙眼表型鉴定评价	基本农艺性状，重要物候信息，品质和抗逆/抗病，其他性状	(g)、焦核率、耐寒性、龙眼鬼帚病、烘干率（%）、烘干好果率（%）、核型、分子标记、果实用途、备注、露红点期、抽穗期、谢花期、上传图片
主要果树种质资源鉴定评价	猕猴桃表型鉴定评价	基本农艺性状，重要物候信息，品质和抗逆/抗病，其他性状	统一编号、圃编号、引种号、采集号、种质名称、种质外文名、科名、属名、学名、原产国、原产省、原产地、海拔(m)、经度、纬度、来源地、保存单位、单位编号、系谱、选育单位、育成年份、选育方法、种质类型、图像、观测地点、树势、横截面形状、节间长度（cm）、新梢粗度（cm）、阳面色泽、皮孔、皮孔形状、皮孔大小、皮孔颜色、芽座大小、芽盖、芽孔大小、髓部、髓部形状、被毛、被毛密度、被毛类型、被毛颜色、叶痕、叶片形状、叶片大小、叶片质地、叶尖形状、叶缘、叶基形状、叶柄长度（cm）、叶柄颜色、叶柄粗细（mm）、叶片正面颜色、叶面平展度、叶片背面颜色、叶背绒毛、花性、花序类型、花冠大小（cm）、花瓣数量（瓣）、花瓣形状、花冠类型、花瓣内侧主色、基部离合情况、花萼颜色、花萼数（片）、花瓣颜色梯度、花柱姿势、花柱数（枚）、花柱颜色、雌蕊数（枚）、雄蕊数（枚）、花丝颜色、花药形状、花药颜色、子房形状、单果重（g）、果实形状、果实纵径(cm)、果实横径（cm）、果实侧径（cm）、萼片宿存、自花结实率（%）、萌芽期、结果枝百分率（%）、始果年龄（a）、萌芽率（%）、初花期、盛花期、终花期、果实成熟期、果实生育期（d）、果实脱落难易、果实后熟时间、果实货架期、落叶期、营养期天数（d）、果皮颜色、果点、果点大小、果点状况、果肩形状、果顶形状、果喙端形状、果实被毛、果实被毛类型、果实被毛密度、果实被毛色泽、果肉颜色、果心大小、果心颜色、果心截面形状、种子形状、千粒重（g）、种子颜色、可溶性固形物（%）、果实维生素C含量、果实含酸量、果实风味、耐热性、耐涝性、耐旱性、溃疡病抗性、根结线虫病、立枯病抗性、膏药病抗性、花腐病抗性、金龟子类抗性、蚧壳虫类抗性、嫁接亲和力、扦插成活率（%）、核型、分子标记、备注、采收期、绒毛脱落难易、外层果肉颜色、内层果肉颜色、上传图片
主要果树种质资源鉴定评价	葡萄表型鉴定评价	基本农艺性状，重要物候信息，品质和抗逆/抗病，其他性状	统一编号、圃编号、引种号、采集号、种质名称、种质外文名、科名、属名、学名、原产国、原产省、原产地、海拔(m)、经度、纬度、来源地、保存单位、单位编号、系谱、选育单位、育成年份、选育方法、种质类型、图像、观测地点、梢尖形态、梢尖着色、嫩梢花青素、梢尖匍匐绒毛、梢尖直立绒毛、新梢姿态、新梢卷须长度（cm）、新梢卷须分布、节上匍匐绒毛、节上直立绒毛、节间匍匐绒毛、节间直立绒毛、节间腹侧颜色、节间背侧颜色、冬芽着色、枝条表面形状、枝条表面颜色、枝条截面形状、枝条节间长度（cm）、枝条节间粗度（cm）、砧木产条量（m/hm^2）、愈伤组织、不定根形成(条)、皮孔、皮刺、腺毛、幼叶表面颜色、幼叶着色程度、幼叶表面光泽、幼叶下表匍匐绒毛、幼叶下表直立绒毛、幼叶下

（续表）

观测任务	一级指标	二级指标	三级指标
主要果树种质资源鉴定评价	葡萄表型鉴定评价	基本农艺性状，重要物候信息，品质和抗逆/抗病，其他性状	主脉匍匐绒毛、幼叶下表主脉直立绒毛、叶型、叶颜色、叶表面着色程度、叶下表面着色程度、叶柄长（cm）、中脉长（cm）、叶宽度（cm）、叶面积（cm^2）、叶横截面形状、叶裂片数、叶上裂刻深度、叶开叠类型、叶裂刻基形状、叶柄洼开叠、叶柄洼形状、限制叶柄洼、叶柄洼锯齿、锯齿形状、锯齿长度（cm）、锯齿宽度（cm）、锯齿长宽比、泡状凸起、匍匐绒毛、直立绒毛、叶下脉匍匐绒毛、叶下脉直立绒毛、叶柄匍匐绒毛、叶柄直立绒毛、秋叶颜色、花器、倍性、生长势、萌芽率（%）、果枝率（%）、果穗数（个）、花序位置、花序长度（cm）、坐果率（%）、副芽萌发力、副芽结实力、隐芽萌发力、副梢生长势、副梢结实力、产量（kg/hm^2）、萌芽始期、开花始期、盛花期、开始生长期、始熟期、完熟期、新梢始熟期、穗型、歧肩、副穗、穗梗长度（cm）、穗长（cm）、穗宽（cm）、果穗大小（cm^2）、穗重（g）、果穗紧密度、单穗粒数（粒）、成熟一致性、分离难易、粒形、果粉厚度、皮色、果粒整齐度、粒重（g）、果粒纵径（cm）、果粒横径（cm）、果粒大小（cm^2）、果梗长度（cm）、果粒横切面形状、种子状态、种子数（粒）、种子外表横沟、种脐、百粒重（g）、种子长（mm）、种子宽（mm）、种子长宽比、果皮厚度、果皮涩味、果汁颜色、果肉颜色、汁液、香味、香味程度、质地、可溶性固形物（%）、含糖量（%）、含酸量（%）、出汁率（%）、抗寒性、抗盐性、抗碱性、白腐病、霜霉病、黑痘病、炭疽病、白粉病、根瘤蚜、根结线虫、用途、分子标记、备注、上传图片、开花末期
主要果树种质资源鉴定评价	桃表型鉴定评价	基本农艺性状，重要物候信息，品质和抗逆/抗病，其他性状	统一编号、圃编号、引种号、采集号、种质名称、种质外文名、科名、属名、学名、原产国、原产省、原产地、海拔（m）、经度、纬度、来源地、保存单位、单位编号、系谱、选育单位、育成年份、选育方法、种质类型、用途、果实用途、植株用途、收集源、收集类型、图像、观测地点、果实类型、果形、果顶形状、单果重（g）、果实纵径（cm）、果实横径（cm）、果实侧径（cm）、缝合线深浅、果实对称性、绒毛有无、绒毛密度、梗洼深度、梗洼宽度、果皮底色、盖色深浅、着色程度、着色类型、成熟一致性、果皮剥离度、果肉颜色、红色素、近核色、带皮硬度（kg/cm^2）、去皮硬度（kg/cm^2）、裂果率（%）、核黏离性、鲜核颜色、鲜核重（g）、核形状、核长（cm）、核宽（cm）、核厚（cm）、核尖长（mm）、核面光滑度、核纹多少、裂核率（%）、核仁风味、花型、花瓣类型、花瓣颜色、花径（cm）、雌雄高度比、花粉育性、萼筒内壁色、花药颜色、叶长（cm）、叶宽（cm）、叶柄长（cm）、叶色、秋叶色、侧脉形态、叶腺、叶腺数量（个）、叶形、叶尖形状、叶基形状、叶缘形状、砧木名称、砧木类型、嫁接亲和性、树型、生长势、干周（cm）、一年生枝色、冬芽绒毛、节间长度（cm）、丰产性、果枝百分率（%）、花枝百分率（%）、短枝百分率（%）、中枝百分率（%）、长枝百分率（%）、徒枝百分率（%）、花芽/叶芽（%）、单花/复花（%）、花芽起始节（节）、自然坐果率（%）、自花坐果率（%）、采前落果（%）、叶芽膨大期、叶芽开放期、始花期、盛花期、末花期、展叶期、果实成熟期、果实生育期（d）、相对成熟期

（续表）

观测任务	一级指标	二级指标	三级指标
主要果树种质资源鉴定评价	桃表型鉴定评价	基本农艺性状，重要物候信息，品质和抗逆/抗病，其他性状	（d）、大量落叶期、落叶终止期、生育期（d）、肉质、风味、汁液多少、纤维含量、香气、固形物（%）、可溶性糖（%）、可滴定酸（%）、维生素 C（mg/kg）、类胡萝卜素（mg/kg）、单宁含量（mg/kg）、鲜食品质、贮藏性、原料利用率（%）、罐藏品质、出汁率（%）、制汁品质、耐寒性、耐涝性、耐弱光性、需冷量（h）、桃蚜、茶翅蝽、根结线虫、根癌病、流胶病、花粉粒、分子标记、核型、备注、上传图片、果实发育期
主要果树种质资源鉴定评价	香蕉表型鉴定评价	基本农艺性状，重要物候信息，品质和抗逆/抗病，其他性状	统一编号、圃编号、引种号、采集号、种质名称、种质外文名、科名、属名、学名、原产国、原产省、原产地、海拔（m）、经度、纬度、来源地、保存单位、单位编号、系谱、选育单位、育成年份、选育方法、种质类型、图像、观测地点、假茎高度（cm）、假茎基周（cm）、假茎中周（cm）、茎形比、假茎颜色、假茎色斑、假茎光泽、内层假茎颜色、内层假茎色斑、吸芽假茎高度（cm）、吸芽位置、叶姿、叶鞘蜡粉、叶柄基部斑块、叶柄基部斑色、叶柄沟槽形状、叶柄边缘、叶翼类型、叶柄边缘颜色、叶柄边线、叶柄边缘宽度、叶柄长度（cm）、叶片长度（cm）、叶片宽度（cm）、叶形比、叶距（cm）、叶面颜色、叶背颜色、叶面光泽、叶背光泽、叶背蜡粉、叶背中脉颜色、叶面中脉颜色、叶片基部形状、叶片基部对称性、叶片皱性、卷筒叶背面色、苞肩形状、苞尖形状、苞片顶部排列、苞片外色、苞片内色、苞片内褪色、苞尖颜色、苞片彩纹、苞痕、苞片形状、苞片上举、苞片脱落前行为、苞片蜡粉、苞片凹槽、雄花脱落行为、合生花瓣底色、合生花瓣着色、合生花瓣圆裂片颜色、合生花瓣状态、游离花瓣颜色、游离花瓣形状、游离花瓣外观、游离花瓣尖端发育、游离花瓣边缘、游离花瓣尖形、花丝颜色、花粉活性、花柱底色、花柱着色、花柱突出状况、花柱形状、柱头颜色、子房形状、子房底色、子房着色、胚珠列数（列/室）、穗柄长度（cm）、穗柄粗度（cm）、穗柄空节数、穗柄颜色、穗柄毛、结果花性、花轴位置、花轴外观、雄蕾形状、雄蕾大小（cm）、果穗位置、果穗型状、果穗结构、梳形、果穗长度（cm）、果穗周长（cm）、果穗梳数（梳/穗）、最大疏果指数（根/梳）、第三疏果指数（根/梳）、总果指数（根/穗）、果指排列、果指位置、果顶形状、果顶花器残存、果形、果指大体形状、果指外弧长（cm）、果指内弧长（cm）、果指长度（cm）、果指粗度（cm）、果柄长（mm）、果柄粗（mm）、果柄毛、生果皮色、果指横切面、生果肉色、株产（kg）、单果重（g）、种子数（粒/果）、种子表面、种子形状、现蕾期（d）、收获期（d）、宿根蕉生长周期（d）、现蕾期青叶数（片/株）、收获时青叶数（片/株）、植株总叶数（片/株）、熟果皮色、果皮开裂、熟果脱把、果皮厚度、剥皮难易、熟果肉色、果肉质地、可食率、货架期（d）、梅花点、主要风味、果肉香味、品质评价、固形物（%）、糖（%）、酸（%）、维生素 C、耐寒性、抗风性、1 号小种枯萎病、4 号小种枯萎病、假尾孢菌叶斑病、黑星病、香蕉束顶病、花叶心腐病、根结线虫、染色体倍性、核型、指纹图谱与分子标记、备注、上传图片

（续表）

观测任务	一级指标	二级指标	三级指标
主要蔬菜种质资源鉴定评价	冬瓜表型鉴定评价	基本农艺性状，重要物候信息，品质和抗逆/抗病，其他性状	统一编号、库编号、引种号、采集号、种质名称、种质外文名、科名、属名、学名、原产国、原产省、原产地、海拔（m）、经度、纬度、来源地、保存单位、单位编号、系谱、选育单位、育成年份、选育方法、种质类型、图像、观测地点、子叶色、子叶长、子叶宽、分枝性、主蔓长、主蔓节数、主蔓粗、主蔓色、卷须有无、叶形、叶色、叶缘、叶裂刻、裂片数、叶片长、叶片宽、叶柄长、叶面白斑、首雌花节位、雌花间隔节数、花冠色、首雄花节位、花瓣先端形状、性型、结瓜习性、第一果实节位、瓜梗长、嫩瓜皮色、嫩瓜斑纹、嫩瓜斑纹色、嫩瓜纵径、嫩瓜横径、嫩瓜肉厚、嫩瓜肉色、嫩瓜单瓜重、早期产量、嫩瓜单产、瓜面蜡粉、老瓜皮色、老瓜斑纹、老瓜斑纹色、棱沟深浅、老瓜纵径、老瓜横径、老瓜肉厚、老瓜肉色、瓜形、横切面形状、心室数、近瓜蒂端形状、瓜顶形状、老瓜单瓜重、老瓜单产、单株瓜数、熟性、单瓜种子数、种子类型、千粒重、形态一致性、播种期、定植期、雄花始花期、雌花始花期、嫩瓜始收期、嫩瓜末收期、老瓜收获期、肉质、口感、风味、清香味、品质、水分、可溶性固形物、维生素C、总糖含量、耐贮藏性、苗期耐寒性、耐热性、耐旱性、耐涝性、枯萎病抗性、白粉病抗性、疫病抗性、利用果实类型、用途、细胞学特征、生化标记、分子标记、备注
主要蔬菜种质资源鉴定评价	番茄表型鉴定评价	基本农艺性状，重要物候信息，品质和抗逆/抗病，其他性状	统一编号、库编号、引种号、采集号、种质名称、种质外文名、科名、属名、学名、原产国、原产省、原产地、海拔（m）、经度、纬度、来源地、保存单位、单位编号、系谱、选育单位、育成年份、选育方法、种质类型、图像、观测地点、下胚轴颜色、生长习性、株型、株高、茎叶绒毛、叶片类型、叶片形状、叶状态、叶色、叶脉色、叶裂刻、叶片长、叶片宽、首花序节位、第二花序节位、花序类型、簇生花、花柱长度、花柱形状、花柱绒毛、花色、花梗离层、单花序花数、果柄长度、成熟前果色、成熟果色、果肩棱沟、果面绒毛、果顶形状、果肩、果肩形状、果肩色、绿果肩大小、商品果纵径、商品果横径、果形、果梗洼大小、木栓化大小、横切面形状、果肉色、胶状物颜色、果肉厚、心室数、果皮色、单花序果数、单果重、熟性、早期产量、单产、雄性不育、形态一致性、单果种子数、种皮颜色、千粒重、播种期、定植期、始花期、始收期、末收期、裂果性、畸形果率、肉质、风味、清香味、品质、硬度、固形物、番茄红素、总糖含量、总酸含量、耐贮藏性、耐寒性、耐热性、耐旱性、耐涝性、番茄花叶病毒病抗性、黄瓜花叶病毒病抗性、疮痂病、青枯病、早疫病、晚疫病、枯萎病、黄萎病、叶霉病、斑枯病、灰叶斑病、根结线虫、用途、细胞学特征、生化标记、分子标记、转基因类型、备注
主要蔬菜种质资源鉴定评价	南瓜表型鉴定评价	基本农艺性状，重要物候信息，品质和抗逆/抗病，其他性状	统一编号、库编号、引种号、采集号、种质名称、种质外文名、科名、属名、学名、原产国、原产省、原产地、海拔（m）、经度、纬度、来源地、保存单位、单位编号、系谱、选育单位、育成年份、选育方法、种质类型、图像、观测地点、植物学分类、子叶色、子叶长（cm）、子叶宽（cm）、生长习性、分枝性、主蔓节数（节）、主蔓长（m）、主蔓粗（cm）、主蔓色、主蔓刺毛、主蔓横切面形状、叶形、叶色、叶缘、叶

（续表）

观测任务	一级指标	二级指标	三级指标
主要蔬菜种质资源鉴定评价	南瓜表型鉴定评价	基本农艺性状，重要物候信息，品质和抗逆/抗病，其他性状	裂刻、裂片数（片）、叶片长（cm）、叶片宽（cm）、叶柄长（cm）、叶柄粗（cm）、叶面白斑、叶背刺毛、首雌花节位、雌花间隔节位数（节）、雌花节率（%）、花冠色、首雄花节位、雄花节率（%）、花蕾形状、花筒形状、花瓣先端形状、花萼片、花梗刺毛、两性花、结瓜习性、第一果实节位、瓜梗长（cm）、瓜梗横径（cm）、瓜梗质地、瓜梗基部、瓜梗基部膨大形状、瓜梗横切面形状、嫩瓜皮色、嫩瓜斑纹、嫩瓜斑纹色、瓜面特征、棱沟深浅、瓜瘤大小、瓜瘤多少、瓜面蜡粉、近瓜蒂端形状、瓜顶形状、瓜纵径（cm）、瓜横径（cm）、瓜脐直径（cm）、瓜形、横切面形状、瓜肉厚（cm）、心室数（个）、嫩瓜肉色、嫩瓜单瓜重（g）、早期产量（kg/hm^2）、嫩瓜单产（kg/hm^2）、老瓜皮色、老瓜斑纹、老瓜斑纹色、老瓜肉色、老瓜单瓜重（g）、老瓜单产（kg/hm^2）、单株瓜数（个）、熟性、单瓜种子数（粒）、外种皮、种皮色、种皮光泽、种缘表面特征、种子周缘、种子周缘颜色、种喙特征、种子长度（cm）、种子宽度（cm）、种子厚度（cm）、千粒重（g）、形态一致性、播种期、定植期、雄花始花期、雌花始花期、嫩瓜始收期、嫩瓜末收期、老瓜收获期、肉质、口感、风味、清香味、品质、水分（%）、可溶性固形物（%）、维生素 C、淀粉（%）、β-胡萝卜素、果胶类物质（%）、耐贮藏性、芽期耐寒性、苗期耐寒性、耐热性、耐旱性、耐涝性、黄瓜花叶病毒抗病性、白粉病抗性、疫病抗性、利用器官类型、用途、细胞学特征、生化标记、分子标记、备注、上传图片
主要蔬菜种质资源鉴定评价	茄子表型鉴定评价	基本农艺性状，重要物候信息，品质和抗逆/抗病，其他性状	统一编号、库编号、引种号、采集号、种质名称、种质外文名、科名、属名、学名、原产国、原产省、原产地、海拔（m）、经度、纬度、来源地、保存单位、单位编号、系谱、选育单位、育成年份、选育方法、种质类型、图像、观测地点、子叶色、下胚轴颜色、株型、株高、株幅、分枝性、主茎色、茎绒毛、叶形、叶色、叶缘、叶裂刻、叶片长、叶片宽、叶柄长、叶脉颜色、叶刺、首花节位、间隔节数、花冠色、簇生花率、花柱长度、花药条纹、果着生状态、商品果色、果面斑纹、果面斑纹色、果面棱沟、果面光泽、果顶形状、果纵径、果横径、果形、弯曲程度、果脐直径、果萼大小、果萼颜色、果萼下颜色、果萼刺、横切面形状、果肉色、褐变程度、心室数、单果重、单株果数、早期产量、单产、熟性、雄性不育、单性结实、形态一致性、单果种子数、种皮色、千粒重、播种期、出苗期、分苗期、定植期、始花期、始收期、末收期、畸形果率、肉质、品质、干物质含量、维生素 C 含量、维生素 P 含量、可溶性糖、耐贮藏性、芽期耐冷性、苗期耐冷性、耐热性、耐旱性、耐涝性、青枯病、黄萎病、用途、细胞学特征、生化标记、分子标记、备注
主要经济作物种质资源鉴定评价	茶表型鉴定评价	基本农艺性状，重要物候信息，品质和抗逆/抗病，其他性状	统一编号、圃编号、引种号、采集号、种质名称、种质外文名、科名、属名、学名、原产国、原产省、原产地、海拔（m）、经度、纬度、来源地、保存单位、单位编号、系谱、选育单位、育成年份、选育方法、种质类型、繁殖方式、图像、观测地点、树型、树姿、发芽密度、一芽一叶期、一芽二叶期、芽叶色泽、芽叶绒毛、一芽三叶长（cm）、百芽重（g）、叶片着生态、叶长（cm）、叶宽（cm）、叶片大小、叶

（续表）

观测任务	一级指标	二级指标	三级指标
主要经济作物种质资源鉴定评价	茶表型鉴定评价	基本农艺性状，重要物候信息，品质和抗逆/抗病，其他性状	形、叶脉对数（对）、叶色、叶面、叶身、叶质、叶齿锐度、叶齿密度、叶齿深度、叶基、叶尖、叶缘、盛花期、萼片数（枚）、花萼色泽、花萼绒毛、花冠直径（cm）、花瓣色泽、花瓣质地、花瓣数（枚）、子房绒毛、花柱长度（cm）、柱头开裂数（个）、花柱裂位、雌雄蕊高度、果实形状、果实大小（cm）、果皮厚度（cm）、种子形状、种径（cm）、种皮色泽、百粒重（g）、适制茶类、兼制茶类、绿茶总分（分）、绿茶香气分（分）、绿茶香气、绿茶滋味分（分）、绿茶滋味、红茶总分（分）、红茶香气分（分）、红茶香气、红茶滋味分（分）、红茶滋味、乌龙茶总分（分）、乌龙香气分（分）、乌龙茶香气、乌龙滋味分（分）、乌龙茶滋味、水浸出物（%）、咖啡碱（%）、茶多酚（%）、氨基酸（%）、酚氨比、茶氨酸（%）、儿茶素总量（mg/g）、EGCG（mg/g）、EGC（mg/g）、ECG（mg/g）、EC（mg/g）、GC（mg/g）、耐寒性、耐旱性、云纹叶枯病、炭疽病、茶饼病、小绿叶蝉、茶橙瘿螨、咖啡小爪螨、倍数性、分子标记、备注
主要经济作物种质资源鉴定评价	粉葛表型鉴定评价	基本农艺性状，重要物候信息，品质和抗逆/抗病，其他性状	统一编号、库编号、引种号、采集号、种质名称、种质外文名、科名、属名、学名、原产国、原产省、原产地、海拔（m）、经度、纬度、来源地、保存单位、单位编号、系谱、选育单位、育成年份、选育方法、种质类型、图像、观测地点、用途、主茎形状、主茎断面颜色、主茎茎粗、主茎茎色、节间长、茎蔓强度、嫩茎颜色、嫩茎绒毛密度、嫩茎绒毛颜色、嫩茎绒毛强度、顶生小叶形状、顶生小叶叶长、顶生小叶叶宽、叶形比、小叶大小、顶生小叶裂缺、叶柄色、叶柄长、第一片完全展开叶片颜色、完全展开叶叶片绒毛密度、完全展开叶叶片绒毛颜色、绒毛直立程度、叶片花纹、叶片脱落性、叶片蜡质有无、开花时间、花色、花序形状、花序长度、花冠大小、荚果形状、荚果绒毛密度、荚果绒毛颜色、荚果长、荚果宽、种子荚节、种子形状、每荚种子粒数、种子颜色、单株鲜重、块根形状、块根肉质颜色、块根葛根素含量、块根淀粉含量、块根粗纤维含量、锈病抗性、根腐病抗性、潜叶蝇抗性、核型、分子标记、备注、种植当年是否开花
主要经济作物种质资源鉴定评价	人参表型鉴定评价	基本农艺性状，重要物候信息，品质和抗逆/抗病，其他性状	平台资源号、资源编号、种质名称、种质外文名、科名、属名、种名/亚种名、原产国、原产省、原产地、来源地、归类编码、类型、用途、气候带、生长习性、生育周期、特征特性、具体用途、观测地点、系谱、选育单位、育成年份、海拔（m）、经度、纬度、土壤类型、生态类型、年均温度、年均降水量、图像、记录地址、保存单位、单位编号、库编号、圃编号、引种号、采集号、资源类型、保存方式、实物状态、共享方式、获取途径、联系方式、株高、叶型、复叶数、叶柄夹角、茎粗、越冬芽数量、主根长、主根粗、鲜根重、折干率、果穗类型、果实颜色、结实率、生育期、出苗始期、开花始期、果实成熟始期、抗黑斑病、总皂苷含量、多糖含量

（续表）

观测任务	一级指标	二级指标	三级指标
主要经济作物种质资源鉴定评价	桑表型鉴定评价	基本农艺性状，重要物候信息，品质和抗逆/抗病，其他性状	统一编号、圃编号、引种号、采集号、种质名称、种质外文名、科名、属名、学名、原产国、原产省、原产地、海拔（m）、经度、纬度、来源地、保存单位、单位编号、系谱、选育单位、育成年份、选育方法、种质类型、图像、观测地点、发芽期、开叶期、成熟期、硬化期、枝态、枝条粗细、枝条长短、枝条皮色、节距、皮孔、冬芽形状、芽状态、冬芽颜色、副芽多少、叶序、叶形状、叶状态、叶尖、叶缘、叶基、叶色、叶面光泽、叶面粗滑、叶面缩皱、叶厚薄、叶长、叶幅、叶面毛、叶背毛、叶缘芒刺、嫩叶颜色、叶柄长、花性、雄穗长短、雄穗多少、柱头、花柱、花叶开放序、椹长短、椹多少、椹颜色、果长、果横径、单果重、坐果率、单株产果量、米条产果量、种子净度、种子含水率、种子千粒重、种子发芽率、发条力、发芽率、生长芽率、春米条叶、秋米条叶、春千克叶数、秋千克叶数、株产量、叶梗比、梢梗比、条梗比、椹梗比、春五龄经过、春虫蛹生命率、春全茧量、春茧层量、春茧层率、秋五龄经过、秋虫蛹生命率、秋全茧量、秋茧层量、秋茧层率、春万头茧量、秋万头茧量、春万茧层量、秋万茧层量、春担桑茧量、秋担桑茧量、春粗蛋白、秋粗蛋白、春可溶糖、秋可溶糖、水分、维生素C含量、可溶性固形物、耐旱性、耐寒性、黄萎病抗性、桑疫病抗性、染色体倍性、分子标记、备注、上传图片
主要经济作物种质资源鉴定评价	五味子表型鉴定评价	基本农艺性状，重要物候信息，品质和抗逆/抗病，其他性状	平台资源号、资源编号、种质名称、种质外文名、科名、属名、种名或亚种名、原产地、原产国、原产省、来源地、资源归类编码、资源类型、主要特性、主要用途、气候带、生长习性、生育周期、特征特性、具体用途、观测地点、系谱、选育单位、育成年份、海拔（m）、经度、纬度、土壤类型、生态系统类型、年均温度、年均降水量、图像、记录地址、保存单位、单位编号、库编号、圃编号、引种号、采集号、保存资源类型、保存方式、实物状态、共享方式、获取途径、联系方式、叶片形状、叶片长、叶片宽、叶柄长、叶片颜色、花被片颜色、雌花心皮数、新梢颜色、枝条颜色、果穗长度、穗梗长度、果穗果粒数、果穗重、果粒重、果皮颜色、萌芽始期、开花始期、浆果生理完熟期、果实含糖量、果实含酸量、五味子醇甲含量、果实折干率、干果表面颜色、耐光性、抗寒性、黑斑病抗性、白粉病抗性、干果千粒重
主要经济作物种质资源鉴定评价	西洋参表型鉴定评价	基本农艺性状，重要物候信息，品质和抗逆/抗病，其他性状	平台资源号、资源编号、种质名称、种质外文名、科名、属名、种名/亚种名、原产国、原产省、原产地、来源地、归类编码、类型、用途、气候带、生长习性、生育周期、特征特性、具体用途、观测地点、系谱、选育单位、育成年份、海拔（m）、经度、纬度、土壤类型、生态类型、年均温度、年均降水量、图像、记录地址、保存单位、单位编号、库编号、圃编号、引种号、采集号、资源类型、保存方式、实物状态、共享方式、获取途径、联系方式、株高、叶型、复叶数、叶柄夹角、茎粗、越冬芽数量、主根长、主根粗、鲜根重、折干率、果穗类型、果实颜色、结实率、生育期、出苗始期、开花始期、果实成熟始期、抗黑斑病、总皂苷含量、多糖含量

（续表）

观测任务	一级指标	二级指标	三级指标
主要经济作物种质资源鉴定评价	油茶表型鉴定评价	基本农艺性状，重要物候信息，品质和抗逆/抗病，其他性状	国家统一编号、圃编号、库编号、种质名称、种质外文名、科名、属名、学名、原产国、原产省、原产地、海拔（m）、原产地经度、原产地纬度、来源地、保存单位、单位编号、选育单位、育成年份、选育方法、种质类型、观测地点、观测年份、树高、地径、冠幅、树冠体积、叶面积指数、新梢发枝量、新梢长度、叶形、叶形指数、叶周长、花径、花瓣数量、花柱长、柱头裂数、坐果率、结果量、果实重量、果实均匀度、果皮厚度、果形、鲜果出籽率、干出籽率、干出仁率、种子均匀度、初花期、盛花期、末花期、成熟期、种仁含油率、不饱和脂肪酸含量
主要热带作物种质资源鉴定评价	毛叶枣表型鉴定评价	基本农艺性状，重要物候信息，品质和抗逆/抗病，其他性状	统一编号、圃编号、引种号、采集号、种质名称、种质外文名、科名、属名、学名、原产国、原产省、原产地、海拔（m）、经度、纬度、来源地、保存单位、单位编号、系谱、选育单位、育成年份、选育方法、种质类型、图像、观测地点、树姿、树型、树势、主干皮裂、枣头长度、节间长度、枣头粗度、枣头色泽、枣头蜡层、二次枝长度、二次枝节数、二次枝弯曲度、成枝率、针刺、枣吊长度、枣吊叶片数、叶片面积、叶片颜色、叶片光泽、叶片状态、叶片形状、叶尖形状、叶基形状、叶缘形状、花序及花朵数、花径大小、雄蕊数、萼片色泽、始果年龄、股吊率、吊果率、自花结实率、落果程度、单株产量、大小年程度、萌芽期、初花期、盛花期、终花期、白熟期、脆熟期、完熟期、果实生长期、落叶期、营养生长期、单果重、果实纵径、果实横径、果实整齐度、果实形状、果肩形状、果顶形状、果实颜色、果面光滑度、果皮厚度、果点大小、果点密度、果柄长度、梗洼深度、梗洼广度、萼片状态、柱头状态、外观评价、核重、核形、核壳有无、种仁饱满度、含仁率、果肉颜色、果肉质地、果肉粗细、果肉汁液、果实风味、果实异味、口感综合评价、可溶性固形物、鲜枣可溶糖、鲜枣滴定酸、鲜枣维生素C含量、鲜枣可食率、干枣可溶糖、干枣滴定酸、干枣维生素C含量、制干率、干枣可食率、鲜枣耐贮性、抗裂果性、耐旱性、枣疯病、缩果病、根蘖萌发率、果实用途、花粉形态、主干光滑度、主干颜色、嫩梢颜色、老熟枝条颜色、枝条密度、叶片长度、叶片宽度、嫩叶颜色、成熟叶片颜色、叶着生方式、叶面状态、花序小花数、开花型、种核质量、种核长度、种核宽度、果实可食率、总糖、总酸、维生素C、香气、果实外观、果汁、果实品质、定植时间或回缩时间、初果树龄、果实生育期、果实成熟期、采前落果、果实成熟特性、丰产性、稳产性、果实收获期、裂果性、果肉腔位置、果蒂周围皱褶多少、抗寒性、抗涝性、抗白粉病、抗柑橘全瓜螨、核型、分子标记、备注、现蕾期、刺宿存状态、刺密度、刺性状、叶形指数、叶片厚度、叶柄长、果柄粗度、果面质地、果肉腔、果肉厚度
饲用植物种质资源鉴定评价	披碱草表型鉴定评价	基本农艺性状，重要物候信息，品质和抗逆/抗病，其他性状	国家统一编号、圃编号、库编号、种质名称、种质外文名、科名、属名、学名、原产国、原产省、原产地、海拔（m）、经度、纬度、来源地、保存单位、单位编号、选育单位、育成年份、选育方法、种质类型、观测地点、观测年份、茎秆形态、生殖枝长、茎秆节数、茎秆粗、叶鞘毛、叶片形态、旗叶长、旗叶宽、倒2叶长、倒2叶宽、叶片颜色、叶毛密度、穗长、穗颜色、形态一致性、再生性、返青期、拔节期、孕穗期、抽穗期、开花期、花期一致性、乳熟期、熟性、茎叶质地、适口性、抗旱性、抗寒性、抗倒伏性、耐贫瘠性、耐践踏性、锈病、麦角病、黏虫、观测年龄、种质用途

（续表）

观测任务	一级指标	二级指标	三级指标
饲用植物种质资源鉴定评价	老芒麦表型鉴定评价	基本农艺性状，重要物候信息，品质和抗逆/抗病，其他性状	统一编号、库编号、圃编号、引种号、采集号、种质名称、种质外文名、科名、属名、学名、原产国、原产省、原产地、海拔（m）、经度、纬度、来源地、保存单位、单位编号、系谱、选育单位、育成年份、选育方法、种质类型、图像、观测地点、种根天数（d）、种根速度（mm/d）、侧根天数（d）、苗期根重、当年根长（cm）、当年根重（g）、根系深度（cm）、根系密度、根系重（g）、茎秆形态、生殖枝长（cm）、茎秆节数（节）、节间长（cm）、茎秆粗（mm）、叶鞘毛、叶鞘长（cm）、叶鞘与节间比、叶舌长（mm）、叶片形态、旗叶长（cm）、旗叶宽（mm）、倒2叶长（cm）、倒2叶宽（mm）、叶片颜色、叶背光滑度、叶毛密度、旗叶至穗基部长（cm）、花序形态、穗长（cm）、穗宽（mm）、穗颜色、穗轴节数（节）、穗轴节间长（mm）、穗轴边缘毛、穗轴小穗总数（枚）、穗轴节小穗数（枚）、小穗长（cm）、小穗宽（mm）、小穗小花数（枚）、变异花序分支数、变异花序分支长（cm）、第一颖长（mm）、第一颖宽（mm）、第一颖脉数（条）、第一颖芒长（mm）、第二颖长（mm）、第二颖宽（mm）、第二颖脉数（条）、第二颖芒长（mm）、外稃长（mm）、外稃宽（mm）、外稃脉数（条）、外稃芒长（mm）、外稃毛密度、外稃被毛部位、内稃长（mm）、内稃宽（mm）、内稃毛密度、内稃被毛部位、种子长（mm）、种子宽（mm）、形态一致性、播种期、出苗期、返青期、分蘖期、拔节期、孕穗期、抽穗期、开花期、花期一致性、乳熟期、蜡熟期、完熟期、果后营养期（d）、枯黄期、叶层高度（cm）、生育天数（d）、熟性、生长天数（d）、再生性、落粒性、茎叶比、鲜草产量（kg/hm^2）、干草产量（kg/hm^2）、干鲜比（%）、种子产量（kg/hm^2）、分蘖数、单株重（g）、单株种子重（g）、越冬率（%）、观测年龄（a）、生长寿命（a）、千粒重（g）、后熟期（d）、发芽势（%）、发芽率（%）、种子生活力（%）、种子寿命（%）、水分（%）、粗蛋白质（%）、粗脂肪（%）、粗纤维（%）、无氮浸出物（%）、粗灰分（%）、钙（%）、磷（%）、天冬氨酸（%）、苏氨酸（%）、丝氨酸（%）、谷氨酸（%）、脯氨酸（%）、甘氨酸（%）、丙氨酸（%）、胱氨酸（%）、缬氨酸（%）、蛋氨酸（%）、异亮氨酸（%）、亮氨酸（%）、酪氨酸（%）、苯丙氨酸（%）、赖氨酸（%）、组氨酸（%）、精氨酸（%）、色氨酸（%）、中性洗涤纤维（%）、酸性洗涤纤维（%）、分析单位、茎叶质地、适口性、利用年限、抗旱性、抗寒性、耐盐性、耐霜冻性、耐涝性、耐热性、抗倒伏性、耐酸性、耐贫瘠性、耐践踏性、抗风沙性、白粉病、锈病、麦角病、根腐病、黏虫、麦穗夜蛾、草地秆蝇类、蚜虫类、结实率（%）、染色体倍性、染色体数、核型、生化标记、分子标记、种质保存类型、实物状态、种质用途、备注、上传图片

（续表）

观测任务	一级指标	二级指标	三级指标
饲用植物种质资源鉴定评价	鹅草表型鉴定评价	基本农艺性状，重要物候信息，品质和抗逆/抗病，其他性状	统一编号、库编号、圃编号、引种号、采集号、种质名称、种质外文名、科名、属名、学名、原产国、原产省、原产地、海拔（m）、经度、纬度、来源地、保存单位、单位编号、系谱、选育单位、育成年份、选育方法、种质类型、图像、观测地点、根系类型、茎、地下茎、叶的类型、叶序、脉序、叶片形状、叶基、叶缘、叶裂、花序类型、果实类型、分蘖（枝）类型、叶层类型、染色体倍性、播种期、出苗期、返青期、分蘖期、分枝期、拔节期、现蕾期、成熟期、生育天数、果后营养期、枯黄期、生长天数、生活型、再生性、落粒性、千粒重、草层高、株高、鲜草产量、干草产量、种子产量、茎叶比、分枝数、分蘖数、粗蛋白、粗脂肪、粗纤维素、粗灰分、磷、钙、氨基酸、水分、茎叶质地、适口性、抗寒性、耐霜冻性、耐热性、耐盐性、抗虫性、抗病性、利用方式、核型、分子标记、备注、孕穗期、花期一致性、乳熟期、熟性、茎秆形态、生殖枝长、茎秆节数、茎秆粗、叶片形态、旗叶长、旗叶宽、倒2叶长、倒2叶宽、叶片颜色、穗长、穗颜色、形态一致性、叶层高度、抗倒伏性、耐贫瘠性、耐践踏性、锈病、麦角病、黏虫、观测年龄、用途
饲用植物种质资源鉴定评价	苜蓿表型鉴定评价	基本农艺性状，重要物候信息，品质和抗逆/抗病，其他性状	统一编号、库编号、圃编号、引种号、采集号、种质名称、种质外文名、科名、属名、学名、原产国、原产省、原产地、海拔（m）、经度、纬度、来源地、保存单位、单位编号、系谱、选育单位、育成年份、选育方法、种质类型、图像、观测地点、根瘤数量、根蘖数、茎的类型、茎的形状、茎被毛密度、托叶形状、托叶叶尖、托叶基部形状、叶的类型、叶片长度（cm）、叶片宽度（mm）、叶片形状、叶的颜色、叶片被毛密度、叶尖形状、叶尖基部形状、叶柄柔毛、花序类型、萼筒形状、萼筒被毛密度、萼齿形状、花冠颜色、旗瓣形状、旗瓣先端形状、翼瓣形状、龙骨瓣形状、子房被毛密度、荚果形状、荚果螺旋圈数（圈）、荚果被毛密度、裂荚状况、种子数（粒/荚）、种子形状、种子颜色、种子硬实率、种子千粒重（g）、生活型、根系类型、形态一致性、染色体数目、染色体倍性、播种期、出苗期、返青期、分枝期、现蕾期、开花期、结荚期、成熟期、枯黄期、果后营养期、生育天数（d）、生长天数（d）、再生性、落粒性、草层高（cm）、株高（cm）、鲜草产量（kg/hm^2）、干草产量（kg/hm^2）、种子产量（kg/hm^2）、茎叶比（%）、水分含量（%）、粗蛋白（%）、粗脂肪（%）、粗纤维（%）、粗灰分（%）、无氮浸出物（%）、磷（%）、钙（%）、苏氨酸（%）、缬氨酸（%）、亮氨酸（%）、异亮氨酸（%）、苯丙氨酸（%）、赖氨酸（%）、组氨酸（%）、精氨酸（%）、天冬氨酸（%）、丝氨酸（%）、谷氨酸（%）、脯氨酸（%）、甘氨酸（%）、丙氨酸（%）、胱氨酸（%）、蛋氨酸（%）、酪氨酸（%）、色氨酸（%）、茎叶质地、适口性、抗旱性、抗寒性、秋眠性、耐霜冻性、耐热性、耐盐性、褐斑病抗性、霜霉病抗性、病毒病抗性、白粉病抗性、锈病抗性、苜蓿蚜抗性、苜蓿籽蜂抗性、苜蓿蓟马抗性、核型、分子标记、备注、上传图片

（续表）

观测任务	一级指标	二级指标	三级指标
中国起源作物、乡土草种种质资源鉴定评价	高粱表型鉴定评价	基本农艺性状，重要物候信息，品质和抗逆/抗病，其他性状	统一编号、库编号、引种号、采集号、种质名称、种质外文名、科名、属名、学名、原产国、原产省、原产地、海拔（m）、经度、纬度、来源地、保存单位、单位编号、系谱、选育单位、育成年份、选育方法、种质类型、图像、观测地点、用途、芽鞘色、幼苗叶色、单株成穗数、分蘖性、分枝性、开花同步性、株高（cm）、茎粗（cm）、主穗长（cm）、穗柄长（cm）、穗柄直径（cm）、穗柄状态、主脉色、主脉质地、柱头颜色、柱头大小、花药颜色、穗型、穗形、枝梗长、颖壳色、芒性、颖壳包被度、粒色、粒形、结实形式、籽粒饱满度、着壳率（%）、籽粒整齐度、籽粒硬度（kg）、籽粒光泽、单穗粒重（g）、千粒重（g）、容重（kg/L）、胚乳颜色、角质率、胚乳类型、早衰程度、髓部质地、髓部汁液、茎秆倒折率（%）、播种期、出苗期、抽穗期、出苗至抽穗（d）、开花期、出苗至开花（d）、成熟期、全生育期（d）、膨爆率（%）、膨爆系数、粗蛋白（%）、粗脂肪（%）、赖氨酸（%）、总淀粉（%）、直链淀粉（%）、支链淀粉（%）、单宁（%）、出米率（%）、锤度、榨汁率（%）、茎秆粗蛋白（%）、氰氢酸含量（mg/kg）、感光性、芽期耐旱性、苗期耐旱性、全生育期耐旱性、芽期耐盐性、苗期耐盐性、苗期耐冷性、抗倒伏性、丝黑穗病、大斑病、矮花叶病、靶斑病、茎腐病、黑束病、粒霉病、蚜虫、玉米螟、芒蝇、不育类型、核不育、胞质不育、不育度、保持系、恢复系、败育程度、单性花、恢复能力、分子标记、备注、上传图片

第三节　测定方法和规范

参考的标准规范名称如表 5-2 所示。

表 5-2　参考的标准规范名称

观测任务	一级指标	参考的标准规范名称
主要粮食作物种质资源鉴定评价	蚕豆表型鉴定评价	《蚕豆种质资源描述规范和数据标准》
主要粮食作物种质资源鉴定评价	马铃薯表型鉴定评价	《马铃薯种质资源描述规范和数据标准》
主要粮食作物种质资源鉴定评价	木薯表型鉴定评价	《木薯种质资源描述规范和数据标准》
主要粮食作物种质资源鉴定评价	普通菜豆表型鉴定评价	《普通菜豆种质资源描述规范和数据标准》
主要粮食作物种质资源鉴定评价	水稻表型鉴定评价	《水稻种质资源描述规范和数据标准》

（续表）

观测任务	一级指标	参考的标准规范名称
主要粮食作物种质资源鉴定评价	小麦表型鉴定评价	《小麦种质资源描述规范和数据标准》
主要粮食作物种质资源鉴定评价	野生稻表型鉴定评价	《野生稻种质资源描述规范和数据标准》
主要粮食作物种质资源鉴定评价	玉米表型鉴定评价	《玉米种质资源描述规范和数据标准》
主要棉油作物种质资源鉴定评价	大豆表型鉴定评价	《大豆种质资源描述规范和数据标准》
主要棉油作物种质资源鉴定评价	花生表型鉴定评价	《花生种质资源描述规范和数据标准》
主要棉油作物种质资源鉴定评价	芝麻表型鉴定评价	《芝麻种质资源描述规范和数据标准》
主要果树种质资源鉴定评价	菠萝蜜表型鉴定评价	《菠萝蜜种质资源描述规范和数据标准》
主要果树种质资源鉴定评价	柑橘表型鉴定评价	《柑橘种质资源描述规范和数据标准》
主要果树种质资源鉴定评价	火龙果表型鉴定评价	《火龙果种质资源描述规范和数据标准》
主要果树种质资源鉴定评价	荔枝表型鉴定评价	《荔枝种质资源描述规范和数据标准》
主要果树种质资源鉴定评价	龙眼表型鉴定评价	《龙眼种质资源描述规范和数据标准》
主要果树种质资源鉴定评价	猕猴桃表型鉴定评价	《猕猴桃种质资源描述规范和数据标准》
主要果树种质资源鉴定评价	葡萄表型鉴定评价	《葡萄种质资源描述规范和数据标准》
主要果树种质资源鉴定评价	桃表型鉴定评价	《桃种质资源描述规范和数据标准》
主要果树种质资源鉴定评价	香蕉表型鉴定评价	《香蕉种质资源描述规范和数据标准》
主要蔬菜种质资源鉴定评价	冬瓜表型鉴定评价	《冬瓜种质资源描述规范和数据标准》
主要蔬菜种质资源鉴定评价	番茄表型鉴定评价	《番茄种质资源描述规范和数据标准》
主要蔬菜种质资源鉴定评价	南瓜表型鉴定评价	《南瓜种质资源描述规范和数据标准》
主要蔬菜种质资源鉴定评价	茄子表型鉴定评价	《茄子种质资源描述规范和数据标准》
主要经济作物种质资源鉴定评价	茶表型鉴定评价	《茶种质资源描述规范和数据标准》
主要经济作物种质资源鉴定评价	粉葛表型鉴定评价	《粉葛种质资源描述规范和数据标准》
主要经济作物种质资源鉴定评价	人参表型鉴定评价	《人参种质资源描述规范和数据标准》
主要经济作物种质资源鉴定评价	桑表型鉴定评价	《桑种质资源描述规范和数据标准》

（续表）

观测任务	一级指标	参考的标准规范名称
主要经济作物种质资源鉴定评价	五味子表型鉴定评价	《五味子种质资源描述规范和数据标准》
主要经济作物种质资源鉴定评价	西洋参表型鉴定评价	《西洋参种质资源描述规范和数据标准》
主要经济作物种质资源鉴定评价	油茶表型鉴定评价	《油茶种质资源描述规范和数据标准》
主要热带作物种质资源鉴定评价	毛叶枣表型鉴定评价	《毛叶枣种质资源描述规范和数据标准》
饲用植物种质资源鉴定评价	披碱草表型鉴定评价	《披碱草种质资源描述规范和数据标准》
饲用植物种质资源鉴定评价	老芒麦表型鉴定评价	《老芒麦种质资源描述规范和数据标准》
饲用植物种质资源鉴定评价	鹅草表型鉴定评价	《鹅草种质资源描述规范和数据标准》
饲用植物种质资源鉴定评价	苜蓿表型鉴定评价	《苜蓿种质资源描述规范和数据标准》
中国起源作物、乡土草种种质资源鉴定评价	高粱表型鉴定评价	《高粱种质资源描述规范和数据标准

观测对象及标准规范如表 5-3 所示。

表 5-3 观测对象及标准规范

观测对象	标准规范
短芒披碱草	《短芒披碱草种质资源描述规范和数据标准》
菠萝蜜	《菠萝蜜种质资源描述规范和数据标准》
蚕豆	《蚕豆种质资源描述规范和数据标准》
茶	《茶种质资源描述规范和数据标准》
垂穗披碱草	《垂穗披碱草种质资源描述规范和数据标准》
大豆	《大豆种质资源描述规范和数据标准》
冬瓜	《冬瓜种质资源描述规范和数据标准》
番茄	《番茄种质资源描述规范和数据标准》
粉葛	《粉葛种质资源描述规范和数据标准》
柑橘	《柑橘种质资源描述规范和数据标准》
高粱	《高粱种质资源描述规范和数据标准》
花生	《花生种质资源描述规范和数据标准》
火龙果	《火龙果种质资源描述规范和数据标准》

（续表）

观测对象	标准规范
老芒麦	《老芒麦种质资源描述规范和数据标准》
荔枝	《荔枝种质资源描述规范和数据标准》
龙眼	《龙眼种质资源描述规范和数据标准》
马铃薯	《马铃薯种质资源描述规范和数据标准》
毛叶枣	《毛叶枣种质资源描述规范和数据标准》
猕猴桃	《猕猴桃种质资源描述规范和数据标准》
木薯	《木薯种质资源描述规范和数据标准》
南瓜	《南瓜种质资源描述规范和数据标准》
葡萄	《葡萄种质资源描述规范和数据标准》
普通菜豆	《普通菜豆种质资源描述规范和数据标准》
茄子	《茄子种质资源描述规范和数据标准》
人参	《人参种质资源描述规范和数据标准》
桑	《桑种质资源描述规范和数据标准》
水稻	《水稻种质资源描述规范和数据标准》
桃	《桃种质资源描述规范和数据标准》
五味子	《五味子种质资源描述规范和数据标准》
西洋参	《西洋参种质资源描述规范和数据标准》
香蕉	《香蕉种质资源描述规范和数据标准》
小麦	《小麦种质资源描述规范和数据标准》
野生稻	《野生稻种质资源描述规范和数据标准》
虉草	《虉草种质资源描述规范和数据标准》
油茶	《油茶种质资源描述规范和数据标准》
玉米	《玉米种质资源描述规范和数据标准》
芝麻	《芝麻种质资源描述规范和数据标准》
紫花苜蓿	《紫花苜蓿种质资源描述规范和数据标准》

第六章

国家植物保护数据中心观测指标体系

第一节　中心介绍

国家植物保护数据中心于2017年成立，依托单位中国农业科学院植物保护研究所，旨在通过统一协调全国范围内有效植保资源，建立持久稳定的农业有害生物监测网络，系统开展农业区和草原病害、虫害、杂草、鼠害及重要检疫性有害生物的种群、个体变化与抗药性、作物抗性变化的基础性长期性监测，获取基础性监测数据，建立植保监测数据综合数据库，为我国绿色植保防控决策提供科学依据。

国家植物保护数据中心的定位：借鉴英国洛桑实验站的经验，以病虫害监测做成百年老店为目标。聚焦三大问题：①科学问题：阐明气候、耕作制度、品种、土壤等要素的变化及化学品投入对病虫害数量和质量的影响；②产业问题：阐明病虫害成灾规律，为提升监测预警和防治，以及农药减量化提供数据；③方法问题：探索先进、一致、可持续的监测方法，探索时间序列、多要素的大数据的分析方法。

国家植物保护数据中心共有甘谷、信阳、郾城、枝江、廊坊、锡林郭勒、桂林、临沂、西宁、兴城、三亚、南昌、南充、保定、忻州、库尔勒16个站点分别入选了农业农村部确定的第一批和第二批国家农业科学观测实验站，建成了以16个国家站为中心、219个监测点为补充的覆盖全国的植物保护长期定位观测网络，并稳定运行。

为了保证数据的一致性和规范性，国家植物保护数据中心制定了32种重大病虫害的监测技术标准和数据质量控制规范（40万字）。2017—2022年共收集到小麦、水稻、玉米、油料、果树和蔬菜上的32种重大病虫害田间数量动态数据100万余条，气象数据120万余条，病虫害监测照片、寄主生育期照片等，数据总量达105.38GB。

通过对监测数据的分析和挖掘，出版专著2部，发表文章15篇，获软件著作权1部。阐明了麦蚜、草地贪夜蛾、小菜蛾、梨小食心虫等我国重大病虫害的成灾规律，为推动农业科技创新提供了基础支撑，为农业农村绿色发展和管理决策提供了科学依据。提出了我国植保大数据建设规划，有力地推动了我国植保大数据的建设步伐，为我国数字农业建设奠定了基础。

国家植物保护数据中心通过《中国科学报》、《中国气象报》、《农民日报》、新华社科普中国、科学网、人民网、三级门户网站https：//protect. basicagridata. cn/home)、美国莱斯大学校网等媒体及QQ群、微信群、公众号等新媒体手段，积极宣传植物保护长期定位观测工作，大大提高了该项工作的公众影响力。

未来，国家植物保护数据中心将积极与国内相关数据库对接，不断探索数据服务合作新模式，推动监测数据的开放共享，使该项工作发挥更大的社会经济效益。

第二节　指标体系

观测任务及指标体系如表6-1所示。

表6-1　观测任务及指标

观测任务	一级指标	二级指标
麦蚜	基本信息	大数据中心编号、麦蚜统一编号、麦蚜中文名称、麦蚜英文名称、麦蚜拉丁学名、寄主作物中文名称、寄主品种名称、监测地所在省/市、监测地详细名称、经度、纬度、海拔、地形
	监测地稳定信息	监测地平面图、土壤容重、土壤有机质含量、土壤pH值、土壤碱解氮含量、土壤有效磷含量、土壤速效钾含量、播栽日期、收获日期、单位面积有效穗数、非监测株穗粒数、非监测株穗粒重、监测株穗粒数、监测株穗粒重、作物产量、监测开始日期、监测结束日期
	作物微气候自动监测	麦类作物冠层温度、麦类作物冠层湿度、麦类作物地面温度、麦类作物地面湿度
	农事操作记录	施肥情况、灌水情况、杀菌剂使用情况、杀虫剂使用情况、除草剂使用情况、中耕情况
	作物、害虫和天敌数量指标	抽样调查日期、抽样调查准确时间、作物生长图片、作物生育阶段、1~3龄若蚜密度、4龄无翅若蚜密度、4龄有翅若蚜密度、无翅成蚜密度、有翅成蚜密度、瓢虫卵数、瓢虫幼虫数、瓢虫蛹数、龟纹瓢虫成虫数、七星瓢虫成虫数、异色瓢虫成虫数、多异瓢虫成虫数、十三瓢虫成虫数、食蚜蝇幼虫数、食蚜蝇蛹数、草蛉卵数、草蛉幼虫数、草蛉成虫数、草间小黑蛛数、其他捕食性蜘蛛数、未出蜂僵蚜数、出蜂僵蚜数

（续表）

观测任务	一级指标	二级指标
麦蚜	个体性状指标	个体特征调查日期、无翅成虫体长、无翅成虫体宽、无翅成虫体色、有翅成虫体长、有翅成虫体宽、有翅成虫体色、临界高温 CTmax、临界低温 CTmin、农药致死中浓度 LC_{50}
麦类锈病	基本信息	大数据中心编号、病害统一编号、病害中文名称、病害英文名称、病原拉丁学名、寄主中文名称、寄主品种名称、监测地所在省/市、监测地详细名称、经度、纬度、海拔、地形
	监测地稳定信息	监测地平面图、土壤容重、土壤有机质含量、土壤 pH 值、土壤碱解氮含量、土壤有效磷含量、土壤速效钾含量、播栽日期、收获日期、单位面积有效穗数、非监测株穗粒数、非监测株穗粒重、监测株穗粒数、监测株穗粒重、作物产量、监测开始日期、监测结束日期
	作物微气候自动监测	麦类作物冠层温度、麦类作物冠层湿度、麦类作物地面温度、麦类作物地面湿度
	农事操作记录	施肥情况、灌水情况、杀菌剂使用情况、杀虫剂使用情况、除草剂使用情况、中耕情况
	数量动态指标	抽样调查日期、作物生育阶段、作物生长图片、夏孢子数量、普遍率、严重度、病情指数
	质量动态指标	生理小种、抗性水平 RF、品种侵染型和病情指数、品种抗性鉴定图像
麦类白粉病	基本信息	大数据中心编号、病害统一编号、病害中文名称、病害英文名称、病原拉丁学名、寄主中文名称、寄主品种名称、监测地所在省/市、监测地详细名称、经度、纬度、海拔、地形
	监测地稳定信息	监测地平面图、土壤容重、土壤有机质含量、土壤 pH 值、土壤碱解氮含量、土壤有效磷含量、土壤速效钾含量、播栽日期、收获日期、单位面积有效穗数、非监测株穗粒数、非监测株穗粒重、监测株穗粒数、监测株穗粒重、作物产量、监测开始日期、监测结束日期
	作物微气候自动监测	麦类作物冠层温度、麦类作物冠层湿度、麦类作物地面温度、麦类作物地面湿度
	农事操作记录	施肥情况、灌水情况、杀菌剂使用情况、杀虫剂使用情况、除草剂使用情况、中耕情况
	数量动态指标	抽样调查日期、作物生育阶段、作物生长图片、普遍率、严重度、病情指数
	质量动态指标	生理小种、抗性水平 RF、品种最高病情级别、品种抗性鉴定图像

（续表）

观测任务	一级指标	二级指标
麦类赤霉病	基本信息	大数据中心编号、病害统一编号、病害中文名称、病害英文名称、病原拉丁学名、寄主中文名称、寄主品种名称、监测地所在省/市、监测地详细名称、经度、纬度、海拔、地形
	监测地稳定信息	监测地平面图、土壤容重、土壤有机质含量、土壤 pH 值、土壤碱解氮含量、土壤有效磷含量、土壤速效钾含量、播栽日期、收获日期、单位面积有效穗数、非监测株穗粒数、非监测株穗粒重、监测株穗粒数、监测株穗粒重、作物产量、监测开始日期、监测结束日期
	作物微气候自动监测	麦类作物冠层温度、麦类作物冠层湿度、麦类作物地面温度、麦类作物地面湿度
	农事操作记录	施肥情况、灌水情况、杀菌剂使用情况、杀虫剂使用情况、除草剂使用情况、中耕情况
	数量动态指标	病残体带菌率、子囊壳成熟度、子囊壳成熟指数、子囊孢子捕捉量、抽样调查日期、作物生育阶段、作物生长图片、普遍率、严重度、病情指数
	质量动态指标	致病力、药剂有效中浓度 EC_{50}、品种平均严重度、品种抗性鉴定图像
稻飞虱	基本信息	大数据中心编号、稻飞虱统一编号、稻飞虱中文名称、稻飞虱英文名称、稻飞虱拉丁学名、寄主作物中文名称、寄主作物品种名称、监测地所在省/市、监测地详细名称、经度、纬度、海拔、地形
	监测地稳定信息	监测地平面图、土壤容重、土壤有机质含量、土壤 pH 值、土壤碱解氮含量、土壤有效磷含量、土壤速效钾含量、播栽日期、收获日期、单位面积稻丛数、丛粒数、丛粒重、作物产量、监测开始日期、监测结束日期
	作物微气候自动监测	稻丛冠层温度、稻丛冠层相对湿度、稻丛基部温度、稻丛基部相对湿度
	农事操作记录	施肥情况、水稻灌水/排水模式、杀菌剂使用情况、杀虫剂使用情况、除草剂使用情况
	作物、害虫和天敌数量指标	抽样调查日期、抽样调查准确时间、作物生长图片、作物生育阶段、为害部位、为害情况、越冬区卵量、越冬区成虫数量、越冬区若虫数量、灯光诱测成虫数量、1~3 龄若虫密度、4~5 龄若虫密度、长翅成虫密度、短翅成虫密度、蜘蛛密度、黑肩绿盲蝽密度、螯蜂寄生数、线虫寄生数
	个体性状指标	个体特征调查日期、雌性成虫体长、雌性成虫体宽、雄性成虫体长、雄性成虫体宽、耐热性、耐寒性、农药致死中浓度 LC_{50}

（续表）

观测任务	一级指标	二级指标
稻纵卷叶螟	基本信息	大数据中心编号、稻纵卷叶螟统一编号、稻纵卷叶螟中文名称、稻纵卷叶螟英文名称、稻纵卷叶螟拉丁学名、寄主作物中文名称、寄主品种名称、监测地所在省/市、监测地详细名称、经度、纬度、海拔、地形
	监测地稳定信息	监测地平面图、土壤容重、土壤有机质含量、土壤 pH 值、土壤碱解氮含量、土壤有效磷含量、土壤速效钾含量、播栽日期、收获日期、单位面积稻丛数、丛粒数、丛粒重、作物产量、监测开始日期、监测结束日期
	作物微气候自动监测	稻丛冠层温度、稻丛冠层相对湿度、稻丛基部温度、稻丛基部相对湿度
	农事操作记录	施肥情况、水稻灌水/排水模式、杀菌剂使用情况、杀虫剂使用情况、除草剂使用情况
	作物、害虫和天敌数量指标	抽样调查日期、抽样调查时间、作物生长图片、作物生育阶段、百丛正常卵粒数、百丛卵寄生数、百丛干瘪卵数、百丛卵壳数、卷叶率、1~2 龄幼虫密度、3~4 龄幼虫密度、5 龄幼虫密度、蛹密度、绒茧蜂寄生数、姬蜂类寄生数、寄蝇类寄生数、其他致死数、田间成虫数、性诱成虫数量
	个体性状指标	个体特征调查日期、雌性蛹重、雌性蛹长、雌性蛹宽、雄性蛹重、雄性蛹长、雄性蛹宽、耐热性、耐寒性、农药致死中浓度 LC_{50}
水稻螟虫	基本信息	大数据中心编号、水稻螟虫统一编号、水稻螟虫中文名称、水稻螟虫英文名称、水稻螟虫拉丁学名、寄主作物中文名称、寄主品种名称、监测地所在省/市、监测地详细名称、经度、纬度、海拔、地形
	监测地稳定信息	监测地平面图、土壤容重、土壤有机质含量、土壤 pH 值、土壤碱解氮含量、土壤有效磷含量、土壤速效钾含量、播栽日期、收获日期、单位面积稻丛数、丛粒数、丛粒重、作物产量、监测开始日期、监测结束日期
	作物微气候自动监测	稻丛冠层温度、稻丛冠层相对湿度、稻丛基部温度、稻丛基部相对湿度
	农事操作记录	施肥情况、水稻灌水/排水模式、杀菌剂使用情况、杀虫剂使用情况、除草剂使用情况
	作物、害虫和天敌数量指标	抽样调查日期、越冬代幼虫数量、越冬代蛹数量、越冬代寄生率、作物生长图片、作物生育阶段、螟害率、百丛枯鞘数、百丛枯心数、百丛白穗数、百丛虫伤数、百丛卵块数、单块卵粒数、赤眼蜂卵块寄生率、赤眼蜂卵粒寄生率、幼虫密度、蛹密度、绒茧蜂寄生数、姬蜂类寄生数、茧蜂类寄生数、白僵菌寄生数、其他致死数、成虫数量
	个体性状指标	个体特征调查日期、雌性蛹重、雌性蛹长、雌性蛹宽、雄性蛹重、雄性蛹长、雄性蛹宽、耐热性、耐寒性、农药致死中浓度 LC_{50}

（续表）

观测任务	一级指标	二级指标
水稻稻瘟病	基本信息	大数据中心编号、病害统一编号、病害中文名称、病害英文名称、病原拉丁学名、寄主中文名称、寄主品种名称、监测地所在省/市、监测地详细名称、经度、纬度、海拔、地形
	监测地稳定信息	监测地平面图、土壤容重、土壤有机质含量、土壤 pH 值、土壤碱解氮含量、土壤有效磷含量、土壤速效钾含量、播栽日期、收获日期、单位面积稻丛数、丛粒数、丛粒重、作物产量、监测开始日期、监测结束日期
	作物微气候自动监测	稻丛冠层温度、稻丛冠层相对湿度、稻丛基部温度、稻丛基部相对湿度
	农事操作记录	施肥情况、水稻灌水/排水模式、杀菌剂使用情况、杀虫剂使用情况、除草剂使用情况
	数量动态指标	普遍率、严重度、病情指数、空中孢子数量
	质量动态指标	生理小种、品种抗病性、药剂有效中浓度 EC_{50}
水稻白叶枯病	基本信息	大数据中心编号、病害统一编号、病害中文名称、病害英文名称、病原拉丁学名、寄主中文名称、寄主品种名称、监测地所在省/市、监测地详细名称、经度、纬度、海拔、地形
	监测地稳定信息	监测地平面图、土壤容重、土壤有机质含量、土壤 pH 值、土壤碱解氮含量、土壤有效磷含量、土壤速效钾含量、播栽日期、收获日期、单位面积稻丛数、丛粒数、丛粒重、作物产量、监测开始日期、监测结束日期
	作物微气候自动监测	稻丛冠层温度、稻丛冠层相对湿度、稻丛基部温度、稻丛基部相对湿度
	农事操作记录	施肥情况、水稻灌水/排水模式、杀菌剂使用情况、杀虫剂使用情况、除草剂使用情况
	数量动态指标	普遍率、严重度、病情指数
	质量动态指标	生理小种、品种抗病性、抗药性
水稻黑条矮缩病	基本信息	大数据中心编号、病害统一编号、病害中文名称、病害英文名称、病原拉丁学名、寄主中文名称、寄主品种名称、监测地所在省/市、监测地详细名称、经度、纬度、海拔、地形
	监测地稳定信息	监测地平面图、土壤容重、土壤有机质含量、土壤 pH 值、土壤碱解氮含量、土壤有效磷含量、土壤速效钾含量、播栽日期、收获日期、单位面积稻丛数、丛粒数、丛粒重、作物产量、监测开始日期、监测结束日期
	作物微气候自动监测	稻丛冠层温度、稻丛冠层相对湿度、稻丛基部温度、稻丛基部相对湿度
	农事操作记录	施肥情况、水稻灌水/排水模式、杀菌剂使用情况、杀虫剂使用情况、除草剂使用情况
	数量动态指标	水稻病丛（株）率、灰飞虱成若虫量、一代灰飞虱带毒率
	质量动态指标	品种抗病性、灰飞虱药剂致死中浓度 LC_{50}

（续表）

观测任务	一级指标	二级指标
玉米螟	基本信息	大数据中心编号、玉米螟统一编号、玉米螟中文名称、玉米螟英文名称、玉米螟拉丁学名、寄主作物中文名称、寄主品种名称、监测地所在省/市、监测地详细名称、经度、纬度、海拔、地形
	监测地稳定信息	监测地平面图、土壤容重、土壤有机质含量、土壤 pH 值、土壤碱解氮含量、土壤有效磷含量、土壤速效钾含量、播栽日期、收获日期、行株距、单位面积株数、株粒数、株粒重、玉米产量、监测开始日期、监测结束日期
	作物微气候自动监测	玉米冠层温度、玉米冠层相对湿度、玉米基部温度、玉米基部相对湿度
	农事操作记录	施肥情况、灌水情况、杀菌剂使用情况、杀虫剂使用情况、除草剂使用情况、中耕情况
	作物、害虫和天敌数量指标	抽样调查日期、作物生长图片、作物生育阶段、叶片受害情况、雄穗受害情况、雌穗受害情况、茎秆受害情况、越冬前玉米螟虫数量、越冬前其他螟虫种类、越冬前其他螟虫数量、越冬前玉米螟被寄生致死数量、越冬后玉米螟数量、越冬后其他螟虫种类、越冬后其他螟虫数量、越冬后玉米螟被寄生致死数量、越冬玉米螟化蛹数、卵块数、单块卵粒数、被寄生卵块数、被寄生卵粒数、幼虫数、灯诱雌成虫数、灯诱雄成虫数、性诱成虫数
	个体性状指标	个体特征调查日期、雌性蛹重、雌性蛹长、雌性蛹宽、雄性蛹重、雄性蛹长、雄性蛹宽、耐热性、耐寒性、农药致死中浓度 LC_{50}
黏虫	基本信息	大数据中心编号、黏虫统一编号、黏虫中文名称、黏虫英文名称、黏虫拉丁学名、寄主作物中文名称、寄主品种名称、监测地所在省/市、监测地详细名称、经度、纬度、海拔、地形
	监测地稳定信息	监测地平面图、土壤容重、土壤有机质含量、土壤 pH 值、土壤碱解氮含量、土壤有效磷含量、土壤速效钾含量、播栽日期、收获日期、行株距、单位面积株数、株粒数、株粒重、玉米产量、监测开始日期、监测结束日期
	作物微气候自动监测	玉米冠层温度、玉米冠层相对湿度、玉米基部温度、玉米基部相对湿度
	农事操作记录	施肥情况、灌水情况、杀菌剂使用情况、杀虫剂使用情况、除草剂使用情况、中耕情况
	作物、害虫和天敌数量指标	抽样调查日期、作物生长图片、作物生育阶段、为害部位、成虫数量、卵块数、卵粒数、卵块寄生数、卵粒寄生数、1~2 龄幼虫密度、3~4 龄幼虫密度、5~6 龄幼虫密度、蛹密度、捕食性天敌数量、寄生蜂寄生数、寄生蝇寄生数、线虫寄生数、其他死亡数
	个体性状指标	个体特征调查日期、雌性蛹重、雌性蛹长、雌性蛹宽、雄性蛹重、雄性蛹长、雄性蛹宽、耐热性、耐寒性、农药致死中浓度 LC_{50}

（续表）

观测任务	一级指标	二级指标
草地贪夜蛾	基本信息	大数据中心编号、草地贪夜蛾统一编号、草地贪夜蛾中文名称、草地贪夜蛾英文名称、草地贪夜蛾拉丁学名、寄主作物中文名称、寄主品种名称、监测地所在省/市、监测地详细名称、经度、纬度、海拔、地形
	监测地稳定信息	监测地平面图、土壤容重、土壤有机质含量、土壤 pH 值、土壤碱解氮含量、土壤有效磷含量、土壤速效钾含量、播栽日期、收获日期、行株距、单位面积株数、株粒数、株粒重、玉米产量、监测开始日期、监测结束日期
	作物微气候自动监测	玉米冠层温度、玉米冠层相对湿度、玉米基部温度、玉米基部相对湿度
	农事操作记录	施肥情况、灌水情况、杀菌剂使用情况、杀虫剂使用情况、除草剂使用情况、中耕情况
	作物、害虫和天敌数量指标	抽样调查日期、抽样调查准确时间、作物生长图片、作物生育阶段、为害部位、成虫数量、卵块密度、卵粒密度、寄生卵块数、寄生卵粒数、1~2 龄幼虫密度、3~4 龄幼虫密度、5~6 龄幼虫密度、蛹密度、捕食性天敌种类、捕食性天敌数量、寄生性天敌种类、寄生性天敌数量
	个体性状指标	个体特征调查日期、雌性蛹重、雌性蛹长、雌性蛹宽、雄性蛹重、雄性蛹长、雄性蛹宽、耐热性、耐寒性、农药致死中浓度 LC_{50}
玉米大斑病	基本信息	大数据中心编号、病害统一编号、病害中文名称、病害英文名称、病原拉丁学名、寄主中文名称、寄主品种名称、监测地所在省/市、监测地详细名称、经度、纬度、海拔、地形
	监测地稳定信息	监测地平面图、土壤容重、土壤有机质含量、土壤 pH 值、土壤碱解氮含量、土壤有效磷含量、土壤速效钾含量、播栽日期、收获日期、行株距、单位面积株数、株粒数、株粒重、玉米产量、监测开始日期、监测结束日期
	作物微气候自动监测	玉米冠层温度、玉米冠层相对湿度、玉米基部温度、玉米基部相对湿度
	农事操作记录	施肥情况、灌水情况、杀菌剂使用情况、杀虫剂使用情况、除草剂使用情况、中耕情况
	数量动态指标	普遍率、严重度、病情指数
	质量动态指标	生理小种类型、交配型类型、品种抗病性、有效中浓度 EC_{50}

（续表）

观测任务	一级指标	二级指标
玉米小斑病	基本信息	大数据中心编号、病害统一编号、病害中文名称、病害英文名称、病原拉丁学名、寄主中文名称、寄主品种名称、监测地所在省/市、监测地详细名称、经度、纬度、海拔、地形
	监测地稳定信息	监测地平面图、土壤容重、土壤有机质含量、土壤 pH 值、土壤碱解氮含量、土壤有效磷含量、土壤速效钾含量、播栽日期、收获日期、行株距、单位面积株数、株粒数、株粒重、玉米产量、监测开始日期、监测结束日期
	作物微气候自动监测	玉米冠层温度、玉米冠层相对湿度、玉米基部温度、玉米基部相对湿度
	农事操作记录	施肥情况、灌水情况、杀菌剂使用情况、杀虫剂使用情况、除草剂使用情况、中耕情况
	数量动态指标	普遍率、严重度、病情指数
	质量动态指标	生理小种类型、致病力、品种抗病性、有效中浓度 EC_{50}
草地螟	基本信息	大数据中心编号、草地螟统一编号、草地螟中文名称、草地螟英文名称、草地螟拉丁学名、寄主作物中文名称、寄主品种名称、监测地所在省/市、监测地详细名称、经度、纬度、海拔、地形
	监测地稳定信息	监测地平面图、土壤容重、土壤有机质含量、土壤 pH 值、土壤碱解氮含量、土壤有效磷含量、土壤速效钾含量、播栽日期、收获日期、单位面积株数、非监测株株粒数、非监测株株粒重、监测株株粒数、监测株株粒重、作物产量、监测开始日期、监测结束日期
	作物微气候自动监测	大豆冠层温度、大豆冠层湿度、大豆地面温度、大豆地面湿度
	农事操作记录	施肥情况、灌水情况、杀菌剂使用情况、杀虫剂使用情况、除草剂使用情况、中耕情况
	作物、害虫和天敌数量指标	抽样调查日期、抽样调查准确时间、作物生长图片、作物生育阶段、越冬前基数、越冬后幼虫存活数、越冬幼虫化蛹数、越冬幼虫羽化数、卵密度、1～3 龄幼虫密度、4～5 龄幼虫密度、蛹密度、田间成虫数、雌成虫卵巢发育级别、捕食性天敌种类、捕食性天敌数量、寄生性天敌种类、寄生性天敌数量
	个体性状指标	个体特征调查日期、雌成虫体长、雌成虫体宽、雄成虫体长、雄成虫体宽、农药致死中浓度 LC_{50}

（续表）

观测任务	一级指标	二级指标
大豆蚜	基本信息	大数据中心编号、大豆蚜统一编号、大豆蚜中文名称、大豆蚜英文名称、大豆蚜拉丁学名、寄主作物中文名称、寄主品种名称、监测地所在省/市、监测地详细名称、经度、纬度、海拔、地形
	监测地稳定信息	监测地平面图、土壤容重、土壤有机质含量、土壤 pH 值、土壤碱解氮含量、土壤有效磷含量、土壤速效钾含量、播栽日期、收获日期、单位面积株数、非监测株株粒数、非监测株株粒重、监测株株粒数、监测株株粒重、作物产量、监测开始日期、监测结束日期
	作物微气候自动监测	大豆冠层温度、大豆冠层湿度、大豆地面温度、大豆地面湿度
	农事操作记录	施肥情况、灌水情况、杀菌剂使用情况、杀虫剂使用情况、除草剂使用情况、中耕情况
	作物、害虫和天敌数量指标	抽样调查日期、抽样调查准确时间、作物生长图片、作物生育阶段、为害部位、若蚜密度、无翅成蚜密度、有翅成蚜密度、瓢虫卵数、瓢虫幼虫数、瓢虫蛹数、龟纹瓢虫成虫数、七星瓢虫成虫数、异色瓢虫成虫数、多异瓢虫成虫数、十三星瓢虫成虫数、食蚜蝇幼虫数、食蚜蝇蛹数、草蛉卵数、草蛉幼虫数、草蛉成虫数、食蚜斑腹蝇幼虫数、食蚜斑腹蝇蛹数、捕食性蜘蛛数、未出蜂僵蚜数、出蜂僵蚜数
	个体性状指标	个体特征调查日期、无翅成虫体长、无翅成虫体宽、无翅成虫体色、有翅成虫体长、有翅成虫体宽、有翅成虫体色、农药致死中浓度 LC_{50}
油菜菌核病	基本信息	大数据中心编号、病害统一编号、病害中文名称、病害英文名称、病原拉丁学名、寄主中文名称、寄主品种名称、监测地所在省/市、监测地详细名称、经度、纬度、海拔、地形
	监测地稳定信息	监测地平面图、土壤容重、土壤有机质含量、土壤 pH 值、土壤碱解氮含量、土壤有效磷含量、土壤速效钾含量、播栽日期、收获日期、单位面积株数、单株产量、作物产量、监测开始日期、监测结束日期
	作物微气候自动监测	作物冠层温度、作物冠层湿度、作物地面温度、作物地面湿度
	农事操作记录	施肥情况、灌水情况、杀菌剂使用情况、杀虫剂使用情况、除草剂使用情况、中耕情况
	数量动态指标	埋播菌核萌发数、春季田间子囊盘萌发数、普遍率、严重度、病情指数
	质量动态指标	致病力、药剂有效中浓度 EC_{50}、品种抗病性、品种抗性鉴定图像

（续表）

观测任务	一级指标	二级指标
棉铃虫	基本信息	大数据中心编号、棉铃虫统一编号、棉铃虫中文名称、棉铃虫英文名称、棉铃虫拉丁学名、寄主作物中文名称、寄主品种名称、监测地所在省/市、监测地详细名称、经度、纬度、海拔、地形
	监测地稳定信息	监测地平面图、土壤容重、土壤有机质含量、土壤 pH 值、土壤碱解氮含量、土壤有效磷含量、土壤速效钾含量、播栽日期、收获日期、每亩株数、平均单株成铃数、单铃重、亩产籽棉、亩产皮棉、监测开始日期、监测结束日期
	作物微气候自动监测	棉花冠层温度、棉花冠层湿度、棉花地面温度、棉花地面湿度
	农事操作记录	施肥情况、灌水情况、杀菌剂使用情况、杀虫剂使用情况、除草剂使用情况、中耕情况
	作物、害虫和天敌数量指标	抽样调查日期、抽样调查准确时间、作物生长图片、作物生育阶段度、为害部位、越冬前蛹数、越冬前滞育蛹数、越冬后活蛹数、越冬后死蛹数、灯诱雌成虫数量、灯诱雄成虫数量、性诱雄成虫数量、卵密度、1~2 龄幼虫密度、3~4 龄幼虫密度、5~6 龄幼虫密度、蛹密度、瓢虫卵数、瓢虫幼虫数、瓢虫蛹数、龟纹瓢虫成虫数、七星瓢虫成虫数、异色瓢虫成虫数、其他瓢虫成虫数、草蛉卵数、草蛉幼虫数、草蛉成虫数、草间小黑蛛数、其他捕食性蜘蛛数、齿唇姬蜂寄生数、其他寄生蜂寄生数、寄生蝇寄生数
	个体性状指标	个体特征调查日期、雌性成虫体长、雌性成虫体宽、雌性成虫体色、雄性成虫体长、雄性成虫体宽、雄性成虫体色、农药致死中浓度 LC_{50}
棉蚜	基本信息	大数据中心编号、棉蚜统一编号、棉蚜中文名称、棉蚜英文名称、棉蚜拉丁学名、寄主作物中文名称、寄主品种名称、监测地所在省/市、监测地详细名称、经度、纬度、海拔、地形
	监测地稳定信息	监测地平面图、土壤容重、土壤有机质含量、土壤 pH 值、土壤碱解氮含量、土壤有效磷含量、土壤速效钾含量、播栽日期、收获日期、每亩株数、单株成铃数、单铃重、亩产籽棉、亩产皮棉、监测开始日期、监测结束日期
	作物微气候自动监测	棉花冠层温度、棉花冠层湿度、棉花地面温度、棉花地面湿度
	农事操作记录	施肥情况、灌水情况、杀菌剂使用情况、杀虫剂使用情况、除草剂使用情况、中耕情况
	作物、害虫和天敌数量指标	抽样调查日期、抽样调查准确时间、作物生长图片、作物生育阶段、为害部位、若蚜密度、无翅成蚜密度、有翅成蚜密度、瓢虫卵数、瓢虫幼虫数、瓢虫蛹数、龟纹瓢虫成虫数、七星瓢虫成虫数、异色瓢虫成虫数、多异瓢虫成虫数、十三星瓢虫成虫数、食蚜蝇幼虫数、食蚜蝇蛹数、草蛉卵数、草蛉幼虫数、草蛉成虫数、食蚜斑腹蝇幼虫数、食蚜斑腹蝇蛹数、捕食性蜘蛛数、未出蜂僵蚜数、出蜂僵蚜数
	个体性状指标	个体特征调查日期、无翅成虫体长、无翅成虫体宽、无翅成虫体色、有翅成虫体长、有翅成虫体宽、有翅成虫体色、耐热性、耐寒性、农药致死中浓度 LC_{50}

（续表）

观测任务	一级指标	二级指标
棉花黄萎病	基本信息	大数据中心编号、病害统一编号、病害中文名称、病害英文名称、病原拉丁学名、寄主中文名称、寄主品种名称、监测地所在省/市、监测地详细名称、经度、纬度、海拔、地形
	监测地稳定信息	监测地平面图、土壤容重、土壤有机质含量、土壤 pH 值、土壤碱解氮含量、土壤有效磷含量、土壤速效钾含量、播栽日期、收获日期、每亩棉花株数、平均单株成铃数、单铃重、亩产籽棉、亩产皮棉
	作物微气候自动监测	棉花冠层温度、棉花冠层湿度、棉花地面温度、棉花地面湿度
	农事操作记录	施肥情况、灌水情况、杀菌剂使用情况、杀虫剂使用情况、除草剂使用情况、中耕情况
	数量动态指标	0～10 cm 土层微菌核数量、10～20 cm 土层微菌核数量、20～30 cm 土层微菌核数量、发病率、严重度、病情指数
	质量动态指标	致病型、致病力、品种抗病性、品种抗性图像、有效中浓度 EC_{50}
果树蛀果类害虫	基本信息	大数据中心编号、果树蛀果类害虫统一编号、果树蛀果类害虫中文名称、果树蛀果类害虫英文名称、果树蛀果类害虫拉丁学名、寄主作物中文名称、寄主品种名称、监测地所在省/市、监测地详细名称、经度、纬度、海拔、地形
	监测地稳定信息	监测地平面图、土壤容重、土壤有机质含量、土壤 pH 值、土壤碱解氮含量、土壤有效磷含量、土壤速效钾含量、收获日期、果园每亩株数、单株果实数、单果重、果实产量、监测开始日期、监测结束日期
	作物微气候自动监测	果树冠层气温、果树冠层相对湿度、果树内膛气温、果树内膛相对湿度、树皮缝隙中 0.6 cm 的温度、树皮缝隙中 0.6 cm 的湿度、树冠下 0 cm 土壤温度、树冠下 0 cm 土壤湿度、树冠下-3 cm 土壤温度、树冠下-3 cm 土壤湿度、树冠下-10 cm 土壤温度、树冠下-10 cm 土壤湿度
	农事操作记录	施肥情况、灌水情况、杀菌剂使用情况、杀虫剂使用情况、除草剂使用情况、中耕情况
	作物、害虫和天敌数量指标	抽样调查日期、抽样调查准确时间、作物生育阶段、作物生长图片、越冬种群数量、性诱器成虫数量、虫果率
	个体性状指标	个体特征调查日期、雌蛹重、雄蛹重、雌性成虫体长、雌性成虫头宽、雄性成虫体长、雄性成虫头宽、耐热性、耐寒性

（续表）

观测任务	一级指标	二级指标
桃蚜	基本信息	大数据中心编号、桃蚜统一编号、桃蚜中文名称、桃蚜英文名称、桃蚜拉丁学名、寄主作物中文名称、寄主品种名称、监测地所在省/市、监测地详细名称、经度、纬度、海拔、地形
	监测地稳定信息	监测地平面图、土壤容重、土壤有机质含量、土壤 pH 值、土壤碱解氮含量、土壤有效磷含量、土壤速效钾含量、单位面积株数、单株果实数、单果重、作物产量、监测开始日期、监测结束日期
	作物微气候自动监测	果树冠层气温、果树冠层相对湿度、果树内膛气温、果树内膛相对湿度、树皮缝隙中 0.6 cm 的温度、树皮缝隙中 0.6 cm 的湿度、树冠下 0 cm 土壤温度、树冠下 0 cm 土壤湿度、树冠下-3 cm 土壤温度、树冠下-3 cm 土壤湿度、树冠下-10 cm 土壤温度、树冠下-10 cm 土壤湿度
	农事操作记录	施肥情况、灌水情况、杀菌剂使用情况、杀虫剂使用情况、除草剂使用情况、中耕情况
	作物、害虫和天敌数量指标	抽样调查日期、抽样调查准确时间、作物生长图片、作物生育阶段、为害部位、1～4 龄若蚜总数、无翅成蚜总数、有翅成蚜总数、瓢虫卵数、瓢虫幼虫数、瓢虫蛹数、龟纹瓢虫成虫数、七星瓢虫成虫数、异色瓢虫成虫数、多异瓢虫成虫数、十三星瓢虫成虫数、黑带食蚜蝇幼虫数、黑带食蚜蝇蛹数、草蛉幼虫数、草蛉成虫数、草蛉卵数、小花蝽幼虫数、小花蝽成虫数、捕食性蜘蛛数、未出蜂僵蚜数、出蜂僵蚜数
	个体性状指标	个体特征调查日期、无翅成虫体长、无翅成虫体宽、有翅成虫体长、有翅成虫体宽、耐热性、耐寒性、农药致死中浓度 LC_{50}
斑翅果蝇	基本信息	大数据中心编号、斑翅果蝇统一编号、斑翅果蝇中文名称、斑翅果蝇英文名称、斑翅果蝇拉丁学名、寄主作物中文名称、寄主品种名称、监测地所在省/市、监测地详细名称、经度、纬度、海拔、地形
	监测地稳定信息	监测地平面图、土壤容重、土壤有机质含量、土壤 pH 值、土壤碱解氮含量、土壤有效磷含量、土壤速效钾含量、收获日期、果园亩株数、单株果实数、单果重、果实产量、监测开始日期、监测结束日期
	作物微气候自动监测	果树冠层气温、果树冠层相对湿度、果树内膛气温、果树内膛相对湿度、树皮缝隙中 0.6 cm 的温度、树皮缝隙中 0.6 cm 的湿度、树冠下 0 cm 土壤温度、树冠下 0 cm 土壤湿度、树冠下-3 cm 土壤温度、树冠下-3 cm 土壤湿度、树冠下-10 cm 土壤温度、树冠下-10 cm 土壤湿度
	农事操作记录	施肥情况、灌水情况、杀菌剂使用情况、杀虫剂使用情况、除草剂使用情况、中耕情况
	作物、害虫和天敌数量指标	抽样调查日期、抽样调查准确时间、作物生育阶段、作物生长图片、卵密度、幼虫密度、蛹的密度、食诱器雌成虫数量、食诱器雄成虫数量
	个体性状指标	个体特征调查日期、蛹重、雌性成虫体长、雌性成虫头宽、雄性成虫体长、雄性成虫头宽、耐热性、耐寒性

（续表）

观测任务	一级指标	二级指标
葡萄霜霉病	基本信息	大数据中心编号、病害统一编号、病害中文名称、病害英文名称、病原拉丁学名、寄主中文名称、寄主品种名称、监测地所在省/市、监测地详细名称、经度、纬度、海拔、地形
	监测地稳定信息	监测地平面图、土壤容重、土壤有机质含量、土壤 pH 值、土壤碱解氮含量、土壤有效磷含量、土壤速效钾含量、收获日期、果园亩株数、单株果实数、单果重、果实产量、监测开始日期、监测结束日期
	作物微气候自动监测	果树冠层气温、果树冠层相对湿度、果树内膛气温、果树内膛相对湿度、树皮缝隙中 0.6 cm 的温度、树皮缝隙中 0.6 cm 的湿度、树冠下 0 cm 土壤温度、树冠下 0 cm 土壤湿度、树冠下-3 cm 土壤温度、树冠下-3 cm 土壤湿度、树冠下-10 cm 土壤温度、树冠下-10 cm 土壤湿度
	农事操作记录	施肥情况、灌水情况、杀菌剂使用情况、杀虫剂使用情况、除草剂使用情况、中耕情况
	数量动态指标	普遍率、严重度、病情指数、孢子量
	质量动态指标	致病力、有效中浓度 EC_{50}、品种抗病性、品种抗病性鉴定图像
柑橘黄龙病	基本信息	大数据中心编号、病害统一编号、病害中文名称、病害英文名称、病原拉丁学名、寄主中文名称、寄主品种名称、监测地所在省/市、监测地详细名称、经度、纬度、海拔、地形
	监测地稳定信息	监测地平面图、土壤容重、土壤有机质含量、土壤 pH 值、土壤碱解氮含量、土壤有效磷含量、土壤速效钾含量、收获日期、果园亩株数、单株果实数、单果重、果实产量、监测开始日期、监测结束日期
	作物微气候自动监测	果树冠层气温、果树冠层相对湿度、果树内膛气温、果树内膛相对湿度、树皮缝隙中 0.6 cm 的温度、树皮缝隙中 0.6 cm 的湿度、树冠下 0 cm 土壤温度、树冠下 0 cm 土壤湿度、树冠下-3 cm 土壤温度、树冠下-3 cm 土壤湿度、树冠下-10 cm 土壤温度、树冠下-10 cm 土壤湿度
	农事操作记录	施肥情况、灌水情况、杀菌剂使用情况、杀虫剂使用情况、除草剂使用情况、中耕情况
	数量动态指标	普遍率、柑橘木虱数量、柑橘木虱带菌率
	质量动态指标	农药致死中浓度 LC_{50}

（续表）

观测任务	一级指标	二级指标
小菜蛾	基本信息	大数据中心编号、小菜蛾统一编号、小菜蛾中文名称、小菜蛾英文名称、小菜蛾拉丁学名、寄主作物中文名称、寄主品种名称、监测地所在省/市、监测地详细名称、经度、纬度、海拔、地形
	监测地稳定信息	监测地平面图、土壤容重、土壤有机质含量、土壤 pH 值、土壤碱解氮含量、土壤有效磷含量、土壤速效钾含量、播栽日期、收获日期、单位面积株数、单株产量、作物产量、监测开始日期、监测结束日期
	作物微气候自动监测	作物冠层温度、作物冠层湿度、作物地面温度、作物地面湿度
	农事操作记录	施肥情况、灌水情况、杀菌剂使用情况、杀虫剂使用情况、除草剂使用情况、中耕情况
	作物、害虫和天敌数量指标	抽样调查日期、作物生长图片、作物生育阶段、为害部位、卵密度、1~2 龄低龄幼虫密度、3~4 龄幼虫密度、蛹密度、捕食性天敌种类、捕食性天敌数量、细菌寄生密度、病毒寄生密度、盘绒茧蜂寄生数、菜蛾啮小蜂寄生数、颈双缘姬蜂寄生数、其他寄生蜂寄生密度、性诱剂成虫数量
	个体性状指标	个体特征调查日期、雄性蛹重、雌性蛹重、雄性蛹长、雌性蛹长、雄性蛹宽、雌性蛹宽、耐热性、耐寒性、农药致死中浓度 LC_{50}
烟粉虱	基本信息	大数据中心编号、烟粉虱统一编号、烟粉虱中文名称、烟粉虱英文名称、烟粉虱拉丁学名、寄主作物中文名称、寄主品种名称、监测地所在省/市、监测地详细名称、经度、纬度、海拔、地形
	监测地稳定信息	监测地平面图、土壤容重、土壤有机质含量、土壤 pH 值、土壤碱解氮含量、土壤有效磷含量、土壤速效钾含量、单位面积株数、单株果实数、单果重、每亩果菜产量、监测开始日期、监测结束日期
	作物微气候自动监测	作物冠层温度、作物冠层相对湿度、作物基部温度、作物基部相对湿度
	农事操作记录	施肥情况、灌水情况、杀菌剂使用情况、杀虫剂使用情况、除草剂使用情况、中耕情况
	作物、害虫和天敌数量指标	抽样调查日期、抽样调查准确时间、作物生长图片、作物生育阶段、越冬高龄若虫数量、越冬成虫数量、黄板诱集成虫数、高龄若虫密度、成虫密度、瓢虫卵数、瓢虫幼虫数、瓢虫蛹数、日本刀角瓢虫成虫数、其他瓢虫成虫数、草蛉卵数、草蛉幼虫数、草蛉成虫数、丽蚜小蜂寄生数、其他寄生蜂数
	个体性状指标	个体特征调查日期、烟粉虱体长、烟粉虱体宽、耐热性、耐寒性、农药致死中浓度 LC_{50}

（续表）

观测任务	一级指标	二级指标
蔬菜根结线虫病	基本信息	大数据中心编号、病害统一编号、病害中文名称、病害英文名称、病原拉丁学名、寄主中文名称、寄主品种名称、监测地所在省/市、监测地详细名称、经度、纬度、海拔、地形
	监测地稳定信息	监测地平面图、土壤容重、土壤有机质含量、土壤 pH 值、土壤碱解氮含量、土壤有效磷含量、土壤速效钾含量、监测开始日期、监测结束日期
	作物微气候自动监测	冠层温度、冠层相对湿度、基部温度、基部相对湿度
	农事操作记录	施肥情况、灌水情况、杀菌剂使用情况、杀虫剂使用情况、除草剂使用情况、中耕情况
	数量动态指标	普遍率、严重度、病情指数
	质量动态指标	生理小种、致死中浓度 LC_{50}、品种抗病性、品种抗性图像
马铃薯晚疫病	基本信息	大数据中心编号、病害统一编号、病害中文名称、病害英文名称、病原拉丁学名、寄主中文名称、寄主品种名称、监测地所在省/市、监测地详细名称、经度、纬度、海拔、地形
	监测地稳定信息	监测地平面图、土壤容重、土壤有机质含量、土壤 pH 值、土壤碱解氮含量、土壤有效磷含量、土壤速效钾含量、监测开始日期、监测结束日期
	作物微气候自动监测	马铃薯冠层温度、马铃薯冠层相对湿度、马铃薯基部温度、马铃薯基部相对湿度
	农事操作记录	施肥情况、灌水情况、杀菌剂使用情况、杀虫剂使用情况、除草剂使用情况、中耕情况
	数量动态指标	普遍率、严重度、病情指数
	质量动态指标	生理小种、交配型、药剂有效中浓度 EC_{50}、品种抗病性、品种抗病性图像
茶尺蠖	基本信息	大数据中心编号、茶尺蠖统一编号、茶尺蠖中文名称、茶尺蠖英文名称、茶尺蠖拉丁学名、寄主作物中文名称、寄主品种名称、监测地所在省/市、监测地详细名称、经度、纬度、海拔、地形
	监测地稳定信息	监测地平面图、土壤容重、土壤有机质含量、土壤 pH 值、土壤碱解氮含量、土壤有效磷含量、土壤速效钾含量、播栽日期、收获日期、作物产量、监测开始日期、监测结束日期
	作物微气候自动监测	茶树冠层温度、茶树冠层湿度、茶园地面温度、茶园地面湿度
	农事操作记录	施肥情况、修剪情况、杀菌剂使用情况、杀虫剂使用情况、除草情况、中耕情况
	作物、害虫和天敌数量指标	抽样调查日期、作物生长图片、作物生育阶段、为害部位、成虫数量、1 龄幼虫密度、2~3 龄幼虫密度、4~5 龄幼虫密度、捕食性天敌数、寄生蜂寄生数、虫霉寄生数、其他死亡数
	个体性状指标	个体特征调查日期、雌性蛹重、雌性蛹长、雌性蛹宽、雄性蛹重、雄性蛹长、雄性蛹宽、耐热性、耐寒性、农药致死中浓度 LC_{50}

（续表）

观测任务	一级指标	二级指标
茶小绿叶蝉	基本信息	大数据中心编号、茶小绿叶蝉统一编号、茶小绿叶蝉中文名称、茶小绿叶蝉英文名称、茶小绿叶蝉拉丁学名、寄主作物中文名称、寄主品种名称、监测地所在省/市、监测地详细名称、经度、纬度、海拔、地形
	监测地稳定信息	监测地平面图、土壤容重、土壤有机质含量、土壤 pH 值、土壤碱解氮含量、土壤有效磷含量、土壤速效钾含量、播栽日期、收获日期、作物产量、监测开始日期、监测结束日期
	作物微气候自动监测	茶树冠层温度、茶树冠层湿度、茶园地面温度、茶园地面湿度
	农事操作记录	施肥情况、修剪情况、杀菌剂使用情况、杀虫剂使用情况、除草情况、中耕情况
	作物、害虫和天敌数量指标	抽样调查日期、作物生长图片、作物生育阶段、为害部位、成虫密度、1~3 龄若虫密度、4~5 龄若虫密度、蜘蛛密度、圆果大赤螨密度、虫霉寄生数、其他死亡数
	个体性状指标	个体特征调查日期、雌性成虫体长、雌性成虫体宽、雄性成虫体长、雄性成虫体宽、耐热性、耐寒性、农药致死中浓度 LC_{50}
茶炭疽病	基本信息	大数据中心编号、病害统一编号、病害中文名称、病害英文名称、病原拉丁学名、寄主作物中文名称、寄主品种名称、监测地所在省/市、监测地详细名称、经度、纬度、海拔、地形
	监测地稳定信息	监测地平面图、土壤容重、土壤有机质含量、土壤 pH 值、土壤碱解氮含量、土壤有效磷含量、土壤速效钾含量、播栽日期、收获日期、作物产量、监测开始日期、监测结束日期
	作物微气候自动监测	茶树冠层温度、茶树冠层湿度、茶园地面温度、茶园地面湿度
	农事操作记录	施肥情况、修剪情况、杀菌剂使用情况、杀虫剂使用情况、除草情况、中耕情况
	数量动态指标	普遍率、严重度、病情指数
	质量动态指标	药剂有效中浓度 EC_{50}
吸虫塔	基本信息	观测实验站名称、监测地所在省/市、监测地详细名称、经度、纬度、海拔、地形、监测地平面图、作物种植情况
	吸虫塔虫情信息	样本起始日期和时间、样本终止日期和时间、甲物种中文名称、甲物种拉丁学名、甲物种 A 生物型数量、甲物种 B 生物型数量、甲物种标本编号、其他物种中文名称、其他物种拉丁学名、其他物种数量、其他物种标本编号
测报灯	基本信息	观测实验站名称、监测地所在省/市、监测地详细名称、经度、纬度、海拔、地形、监测地平面图、作物种植情况
	测报灯情信息	样本起始日期和时间、样本终止日期和时间、甲物种中文名称、甲物种拉丁学名、甲物种 A 生物型数量、甲物种 B 生物型数量、甲物种标本编号、其他物种中文名称、其他物种拉丁学名、其他物种数量、其他物种标本编号

（续表）

观测任务	一级指标	二级指标
气象	基本信息	观测实验站名称、监测地所在省/市、监测地详细名称、经度、纬度、海拔、地形、监测地平面图、作物种植情况
	气象要素自动监测信息	气温、空气相对湿度、风向、风速、降水、日照强度、土壤 0 cm 温度、土壤 0 cm 湿度、土壤-5 cm 温度、土壤-5 cm 湿度、土壤-10 cm 温度、土壤-10 cm 湿度

第三节　测定方法和规范

标准规范如下。

NY/T 612—2002　《小麦蚜虫测报调查规范》

NY/T 2726—2015　《小麦蚜虫抗药性监测技术规程》

GB/T 15795—2011　《小麦条锈病测报技术规范》

NY/T 967—2006　《农作物品种审定规范　小麦》

NY/T 617—2019　《小麦叶锈病测报调查规范》

NY/T 1443.1—2007　《小麦抗病虫性评价技术规范　第 1 部分：小麦抗条锈病评价技术规范》

NY/T 1443.2—2007　《小麦抗病虫性评价技术规范　第 2 部分：小麦抗叶锈病评价技术规范》

NY/T 1443.3—2007　《小麦抗病虫性评价技术规范　第 3 部分：小麦抗秆锈病评价技术规范》

NY/T 1443.4—2007　《小麦抗病虫性评价技术规范　第 4 部分：小麦抗赤霉病评价技术规范》

NY/T 3060.3—2016　《大麦品种抗病性鉴定技术规程　第 3 部分：抗赤霉病》

NY/T 3060.8—2016　《大麦品种抗病性鉴定技术规程　第 8 部分：抗条锈病》

GB/T 17980.23—2000　《农药　田间药效试验准则（一）　杀菌剂防治禾谷类锈病（叶锈、条锈、秆锈）》

NY/T 3060.2—2016　《大麦品种抗病性鉴定技术规程　第 2 部分：抗白粉病》

GB/T 15796—2011　《小麦赤霉病测报技术规范》
NY/T 2954—2016　《小麦区域试验品种抗赤霉病鉴定技术规程》
GB/T 15974—2009　《稻飞虱测报调查规范》
NY/T 1708—2009　《水稻褐飞虱抗药性监测技术规程》
NY/T 2622—2014　《灰飞虱抗药性监测技术规程》
NY/T 3159—2017　《水稻白背飞虱抗药性监测技术规程》
GB/T 15793—2011　《稻纵卷叶螟测报技术规范》
NY/T 2732—2015　《农作物害虫性诱监测技术规范（螟蛾类）》
GB/T 15792—2009　《水稻二化螟测报调查规范》
NY/T 2359—2013　《三化螟测报技术规范》
NY/T 2058—2014　《水稻二化螟抗药性监测技术规程》
GB/T 15790—2009　《稻瘟病测报调查调查规范》
NY/T 2646—2014　《水稻品种试验稻瘟病抗性鉴定与评价技术规程》
NY/T 1300—2007　《农作物品种区域试验技术规范　水稻》
DB32/T 1122—2007　《水稻品种（系）抗白叶枯病鉴定方法与抗性评价技术规程》
GB/T 17980.104—2004　《农药　田间药效试验准则（二）　第104部分：杀菌剂防治水稻恶苗病》
NY/T 2730—2015　《水稻黑条矮缩病测报技术规范》
NY/T 1611—2017　《玉米螟测报技术规范》
NY/T 1154.14—2008　《农药室内生物测定试验准则》
GB/T 15798—2009　《黏虫测报调查规范》
T/ZNZ 051—2021　《玉米草地贪夜蛾监测调查与防控技术规范》
T/GDP 030—2021　《草地贪夜蛾信息素监测与防控田间应用技术操作规程》
T/GDP 029—2021　《草地贪夜蛾人工养殖技术规程》
T/GDP 026—2021　《草地贪夜蛾地下蛹防控技术规程》
NY/T 1248.1—2006　《玉米抗病虫性鉴定技术规范　第1部分：玉米抗大斑病鉴定技术规范》
NY/T 1248.2—2006　《玉米抗病虫性鉴定技术规范　第2部分：玉米抗小斑病鉴定技术规范》
NY/T 2738.3—2015　《农作物病害遥感监测技术规范　第3部分：

玉米大斑病和小斑病》

GB/T 23391.1—2009 《玉米大、小斑病和玉米大斑病防治技术规范 第1部分：玉米大斑病》

GB/T 23391.2—2009 《玉米大、小斑病和玉米螟防治技术规范 第2部分：玉米小斑病》

NY/T 3546—2020 《玉米大斑病测报技术规范》

DB22/T 2800—2017 《玉米大斑病菌对杀菌剂抗药性评价技术规范》

NY/T 1197—2006 《农作物品种审定规范玉米》

NY/T 2732—2015 《农作物害虫性诱监测技术规范（螟蛾类）》

DB23/T 3362—2022 《大豆病虫害田间监测调查技术规程》

NY/T 3114.5—2017 《大豆抗病虫性鉴定技术规范 第5部分：大豆抗大豆蚜鉴定技术规范》

NY/T 2038—2011 《油菜菌核病测报技术规范》

NY/T 1296—2007 《农作物品种审定规范 油菜》

NY/T 3068—2016 《油菜品种菌核病抗性鉴定技术规程》

NY/T 2239—2012 《植物新品种特异性、一致性和稳定性测试指南 甘蓝型油菜》

NY/T 2439—2013 《植物新品种特异性、一致性和稳定性测试指南 芥菜型油菜》

NY/T 2479—2013 《植物新品种特异性、一致性和稳定性测试指南 白菜型油菜》

GB/T 15800—2009 《棉铃虫测报调查规范》

NY/T 2916—2016 《棉铃虫抗药性监测技术规程》

GB/T 15799—2011 《棉蚜测报技术规范》

GB/T 17980.38—2000 《农药田间药效试验准则（一）杀线虫剂防治根线虫病》

DB 43/T 955—2014 《蔬菜根结线虫病综合防治技术规程》

DB 37/T 2600.20—2014 《蔬菜病虫害综合防治技术规程 第20部分：蔬菜根结线虫病》

DB 32/T 2235—2012 《设施农业根结线虫病防治规程》

NY/T 1854—2010 《马铃薯晚疫病测报技术规范》

NY/T 3063—2016 《马铃薯抗晚疫病室内鉴定技术规程》

DB 33/T 867.1—2012　《茶树主要害虫测报调查规范　第1部分：茶尺蠖》
DB 33/T 867.4—2012　《茶树主要害虫测报调查规范　第4部分：假眼小绿叶蝉》
NY/T 3862—2021　《茶云纹叶枯病监测技术规程》
GB/T 24689.1—2009　《植物保护机械　虫情测报灯》
GB/T 35221—2017　《地面气象观测规范　总则》
GB/T 35237—2017　《地面气象观测规范　自动观测》

国家植物保护数据中心制定的规范如下。

《麦蚜科学观测数据标准与质量控制规范》《麦类锈病科学观测数据标准与质量控制规范》《麦类赤霉病科学观测数据标准与质量控制规范》《麦类白粉病科学观测数据标准与质量控制规范》《稻飞虱科学观测数据标准与质量控制规范》《稻纵卷叶螟科学观测数据标准与质量控制规范》《水稻螟虫科学观测数据标准与质量控制规范》《水稻稻瘟病科学观测数据标准与质量控制规范》《水稻白叶枯病科学观测数据标准与质量控制规范》《水稻黑条矮缩病科学观测数据标准与质量控制规范》《玉米螟科学观测数据标准与质量控制规范》《黏虫科学观测数据标准与质量控制规范》《草地贪夜蛾科学观测数据标准与质量控制规范》《玉米大斑病科学观测数据标准与质量控制规范》《玉米小斑病科学观测数据标准与质量控制规范》《草地螟科学观测数据标准与质量控制规范》《大豆蚜科学观测数据标准与质量控制规范》《油菜菌核病科学观测数据标准与质量控制规范》《棉铃虫科学观测数据标准与质量控制规范》《棉蚜科学观测数据标准与质量控制规范》《棉花黄萎病科学观测数据标准与质量控制规范》《果树蛀果类害虫科学观测数据标准与质量控制规范》《桃蚜科学观测数据标准与质量控制规范》《斑翅果蝇科学观测数据标准与质量控制规范》《葡萄霜霉病科学观测数据标准与质量控制规范》《柑橘黄龙病科学观测数据标准与质量控制规范》《小菜蛾科学观测数据标准与质量控制规范》《烟粉虱科学观测数据标准与质量控制规范》《蔬菜根结线虫病科学观测数据标准与质量控制规范》《马铃薯晚疫病科学观测数据标准与质量控制规范》《茶尺蠖科学观测数据标准与质量控制规范》《茶小绿叶蝉科学观测数据标准与质量控制规范》《茶炭疽病科学观测数据标准与质量控制规范》《植物保护科学观测实验站吸虫塔数据标准与质量控制规范》《植物保护科学观测实验站测报灯数据标准与质量控制规范》《植物保护科学观测实验站气象数据标准与质量控制规范》

观测对象及检测方法规范如表 6-2 所示。

表 6-2　观测对象及检测方法规范

观测任务	一级指标	参考的标准规范名称及编号
麦蚜	基本信息	《麦类作物重大病虫害科学观测标准和方法》（ISBN：978-1-64997-541-6） NY/T 612—2002《小麦蚜虫测报调查规范》 NY/T 2726—2015《小麦蚜虫抗药性监测技术规程》
	监测地稳定信息	
	作物微气候自动监测	
	农事操作记录	
	作物、害虫和天敌数量指标	
	个体性状指标	
麦类锈病	基本信息	《麦类作物重大病虫害科学观测标准和方法》（ISBN：978-1-64997-541-6） GB/T 15795—2011《小麦条锈病测报技术规范》 NY/T 967—2006《农作物品种审定规范　小麦》 NY/T 617—2019《小麦叶锈病测报调查规范》 NY/T 1443. 1—2007《小麦抗病虫性评价技术规范　第 1 部分：小麦抗条锈病评价技术规范》 NY/T 1443. 2—2007《小麦抗病虫性评价技术规范　第 2 部分：小麦抗叶锈病评价技术规范》 NY/T 1443. 3—2007《小麦抗病虫性评价技术规范　第 3 部分：小麦抗秆锈病评价技术规范》 NY/T 3060. 8—2016《大麦品种抗病性鉴定技术规程　第 8 部分：抗条锈病》
	监测地稳定信息	
	作物微气候自动监测	
	农事操作记录	
	数量动态指标	
	质量动态指标	
麦类白粉病	基本信息	《麦类作物重大病虫害科学观测标准和方法》（ISBN：978-1-64997-541-6） GB/T 17980. 23—2000《农药　田间药效试验准则（一）杀菌剂防治禾谷类锈病（叶锈、条锈、秆锈）》 NY/T 967—2006《农作物品种审定规范　小麦》 NY/T 3060. 2—2016《大麦品种抗病性鉴定技术规程　第 2 部分：抗白粉病》
	监测地稳定信息	
	作物微气候自动监测	
	农事操作记录	
	数量动态指标	
	质量动态指标	

（续表）

观测任务	一级指标	参考的标准规范名称及编号
麦类赤霉病	基本信息 监测地稳定信息 作物微气候自动监测 农事操作记录 数量动态指标 质量动态指标	《麦类作物重大病虫害科学观测标准和方法》（ISBN：978-1-64997-541-6） NY/T 967—2006《农作物品种审定规范　小麦》 NY/T 1443.4—2007《小麦抗病虫性评价技术规范　第4部分：小麦抗赤霉病评价技术规范》 NY/T 3060.3—2016《大麦品种抗病性鉴定技术规程　第3部分：抗赤霉病》 GB/T 15796—2011《小麦赤霉病测报技术规范》 NY/T 2954—2016《小麦区域试验品种抗赤霉病鉴定技术规程》
稻飞虱	基本信息 监测地稳定信息 作物微气候自动监测 农事操作记录 作物、害虫和天敌数量指标 个体性状指标	《稻飞虱科学观测数据标准与质量控制规范》（国家植物保护数据中心制定） GB/T 15974—2009《稻飞虱测报调查规范》 NY/T 1708—2009《水稻褐飞虱抗药性监测技术规程》 NY/T 2622—2014《灰飞虱抗药性监测技术规程》 NY/T 3159—2017《水稻白背飞虱抗药性监测技术规程》
稻纵卷叶螟	基本信息 监测地稳定信息 作物微气候自动监测 农事操作记录 作物、害虫和天敌数量指标 个体性状指标	《稻纵卷叶螟科学观测数据标准与质量控制规范》（国家植物保护数据中心制定） GB/T 15793—2011《稻纵卷叶螟测报技术规范》 NY/T 2732—2015《农作物害虫性诱监测技术规范（螟蛾类）》
水稻螟虫	基本信息 监测地稳定信息 作物微气候自动监测 农事操作记录 作物、害虫和天敌数量指标 个体性状指标	《水稻螟虫科学观测数据标准与质量控制规范》（国家植物保护数据中心制定） GB/T 15792—2009《水稻二化螟测报调查规范》 NY/T 2359—2013《三化螟测报技术规范》 NY/T 2058—2014《水稻二化螟抗药性监测技术规程》 NY/T 2732—2015《农作物害虫性诱监测技术规范（螟蛾类）》

（续表）

观测任务	一级指标	参考的标准规范名称及编号
水稻稻瘟病	基本信息	《水稻稻瘟病科学观测数据标准与质量控制规范》（国家植物保护数据中心制定） GB/T 15790—2009《稻瘟病测报调查调查规范》 NY/T 2646—2014《水稻品种试验稻瘟病抗性鉴定与评价技术规程》
	监测地稳定信息	
	作物微气候自动监测	
	农事操作记录	
	数量动态指标	
	质量动态指标	
水稻白叶枯病	基本信息	《水稻白叶枯病科学观测数据标准与质量控制规范》（国家植物保护数据中心制定） NY/T 1300—2007《农作物品种区域试验技术规范　水稻》 DB32/T 1122—2007《水稻品种（系）抗白叶枯病鉴定方法与抗性评价技术规程》 GB/T 17980.104—2004《农药　田间药效试验准则（二）　第104部分：杀菌剂防治水稻恶苗病》
	监测地稳定信息	
	作物微气候自动监测	
	农事操作记录	
	数量动态指标	
	质量动态指标	
水稻黑条矮缩病	基本信息	《水稻黑条矮缩病科学观测数据标准与质量控制规范》（国家植物保护数据中心制定） NY/T 2730—2015《水稻黑条矮缩病测报技术规范》
	监测地稳定信息	
	作物微气候自动监测	
	农事操作记录	
	数量动态指标	
	质量动态指标	
玉米螟	基本信息	《玉米螟科学观测数据标准与质量控制规范》（国家植物保护数据中心制定） NY/T 1611—2017《玉米螟测报技术规范》 NY/T 2732—2015《农作物害虫性诱监测技术规范（螟蛾类）》 NY/T 1154.14—2008《农药室内生物测定试验准则　杀虫剂　第14部分：浸叶法》
	监测地稳定信息	
	作物微气候自动监测	
	农事操作记录	
	作物、害虫和天敌数量指标	
	个体性状指标	

（续表）

观测任务	一级指标	参考的标准规范名称及编号
黏虫	基本信息	《黏虫科学观测数据标准与质量控制规范》（国家植物保护数据中心制定） GB/T 15798—2009《粘虫测报调查规范》
	监测地稳定信息	
	作物微气候自动监测	
	农事操作记录	
	作物、害虫和天敌数量指标	
	个体性状指标	
草地贪夜蛾	基本信息	《草地贪夜蛾科学观测数据标准与质量控制规范》（国家植物保护数据中心制定） GB/T 15798—2009《黏虫测报调查规范》 T/ZNZ 051—2021《玉米草地贪夜蛾监测调查与防控技术规范》 T/GDP 030—2021《草地贪夜蛾信息素监测与防控田间应用技术操作规程》 T/GDP 029—2021《草地贪夜蛾人工养殖技术规程》 T/GDP 026—2021《草地贪夜蛾地下蛹防控技术规程》
	监测地稳定信息	
	作物微气候自动监测	
	农事操作记录	
	作物、害虫和天敌数量指标	
	个体性状指标	
玉米大斑病	基本信息	《玉米大斑病科学观测数据标准与质量控制规范》（国家植物保护数据中心制定） NY 1248. 1—2006《玉米抗病虫性鉴定技术规范 第 1 部分：玉米抗大斑病鉴定技术规范》 NY/T 2738. 3—2015《农作物病害遥感监测技术规范 第 3 部分：玉米大斑病和小斑病》 GB/T 23391. 1—2009《玉米大、小斑病和玉米大斑病防治技术规范 第 1 部分：玉米大斑病》 NY/T 3546—2020《玉米大斑病测报技术规范》 DB22/T 2800—2017《玉米大斑病菌对杀菌剂抗药性评价技术规范》
	监测地稳定信息	
	作物微气候自动监测	
	农事操作记录	
	数量动态指标	
	质量动态指标	
玉米小斑病	基本信息	《玉米小斑病科学观测数据标准与质量控制规范》（国家植物保护数据中心制定） GB/T 23391. 2—2009《玉米大、小斑病和玉米螟防治技术规范 第 2 部分：玉米小斑病》 NY/T 1197—2006《农作物品种审定规范玉米》 NY/T 1248. 2—2006《玉米抗病虫性鉴定技术规范 第 2 部分：玉米抗小斑病鉴定技术规范》
	监测地稳定信息	
	作物微气候自动监测	
	农事操作记录	
	数量动态指标	
	质量动态指标	

（续表）

观测任务	一级指标	参考的标准规范名称及编号
草地螟	基本信息	《草地螟科学观测数据标准与质量控制规范》（国家植物保护数据中心制定） NY/T 2732—2015《农作物害虫性诱监测技术规范（螟蛾类）》
	监测地稳定信息	
	作物微气候自动监测	
	农事操作记录	
	作物、害虫和天敌数量指标	
	个体性状指标	
大豆蚜	基本信息	《大豆蚜科学观测数据标准与质量控制规范》（国家植物保护数据中心制定） DB23/T 3362—2022《大豆病虫害田间监测调查技术规程》 NY/T 3114. 5—2017《大豆抗病虫性鉴定技术规范　第5部分：大豆抗大豆蚜鉴定技术规范》
	监测地稳定信息	
	作物微气候自动监测	
	农事操作记录	
	作物、害虫和天敌数量指标	
	个体性状指标	
油菜菌核病	基本信息	《油菜菌核病科学观测数据标准与质量控制规范》（国家植物保护数据中心制定） NY/T 2038—2011《油菜菌核病测报技术规范》 NY/T 1296—2007《农作物品种审定规范　油菜》 NY/T 3068—2016《油菜品种菌核病抗性鉴定技术规程》 NY/T 2239—2012《植物新品种特异性、一致性和稳定性测试指南　甘蓝型油菜》 NY/T 2439—2013《植物新品种特异性、一致性和稳定性测试指南　芥菜型油菜》 NY/T 2479—2013《植物新品种特异性、一致性和稳定性测试指南　白菜型油菜》
	监测地稳定信息	
	作物微气候自动监测	
	农事操作记录	
	数量动态指标	
	质量动态指标	
棉铃虫	基本信息	《棉铃虫科学观测数据标准与质量控制规范》（国家植物保护数据中心制定） GB/T 15800—2009《棉铃虫测报调查规范》 NY/T 2916—2016《棉铃虫抗药性监测技术规程》
	监测地稳定信息	
	作物微气候自动监测	
	农事操作记录	
	作物、害虫和天敌数量指标	
	个体性状指标	

（续表）

观测任务	一级指标	参考的标准规范名称及编号
棉蚜	基本信息	《棉蚜科学观测数据标准与质量控制规范》（国家植物保护数据中心制定） GB/T 15799—2011《棉蚜测报技术规范》
	监测地稳定信息	
	作物微气候自动监测	
	农事操作记录	
	作物、害虫和天敌数量指标	
	个体性状指标	
棉花黄萎病	基本信息	《棉花黄萎病科学观测数据标准与质量控制规范》（国家植物保护数据中心制定） GB/T 22101. 5—2009《棉花抗病虫性评价技术规范 第五部分：黄萎病》 NY/T 2952—2016《棉花黄萎病抗性鉴定技术规程》
	监测地稳定信息	
	作物微气候自动监测	
	农事操作记录	
	数量动态指标	
	质量动态指标	
果树蛀果类害虫	基本信息	《果树蛀果类害虫科学观测数据标准与质量控制规范》（国家植物保护数据中心制定） NY/T 1610—2008《桃小食心虫测报技术规范》 NY/T 2039—2011《梨小食心虫测报技术规范》 NY/T 2414—2013《苹果蠹蛾监测技术规范》 DB 41/T 2095—2021《桃蛀螟测报技术规程》
	监测地稳定信息	
	作物微气候自动监测	
	农事操作记录	
	作物、害虫和天敌数量指标	
	个体性状指标	
桃蚜	基本信息	《桃蚜科学观测数据标准与质量控制规范》（国家植物保护数据中心制定）
	监测地稳定信息	
	作物微气候自动监测	
	农事操作记录	
	作物、害虫和天敌数量指标	
	个体性状指标	

（续表）

观测任务	一级指标	参考的标准规范名称及编号
斑翅果蝇	基本信息 监测地稳定信息 作物微气候自动监测 农事操作记录 作物、害虫和天敌数量指标 个体性状指标	《斑翅果蝇科学观测数据标准与质量控制规范》（国家植物保护数据中心制定） DB61/T 1157—2018《樱桃斑翅果蝇监测调查与综合防治技术规范》 SN/T 4869—2017《斑翅果蝇检疫鉴定方法》
葡萄霜霉病	基本信息 监测地稳定信息 作物微气候自动监测 农事操作记录 数量动态指标 质量动态指标	《葡萄霜霉病科学观测数据标准与质量控制规范》（国家植物保护数据中心制定） GB/T 17980.122—2004《农药田间药效实验准则（二）杀菌剂防治葡萄霜霉病》 DB37/T 2287—2013 山东省地方标准《葡萄霜霉病测报技术规范》
柑橘黄龙病	基本信息 监测地稳定信息 作物微气候自动监测 农事操作记录 数量动态指标 质量动态指标	《柑桔黄龙病科学观测数据标准与质量控制规范》（国家植物保护数据中心制定） GB/T 29393—2012《柑桔黄龙病菌的检疫检测与鉴定》 GB/T 28062—2011《柑桔黄龙病菌实时荧光 PCR 检测方法》 GB/T 35333—2017《柑橘黄龙病监测规范》 NY/T 2920—2016《柑橘黄龙病防控技术规程》
小菜蛾	基本信息 监测地稳定信息 作物微气候自动监测 农事操作记录 作物、害虫和天敌数量指标 个体性状指标	《小菜蛾科学观测数据标准与质量控制规范》（国家植物保护数据中心制定） GB/T 23392.3—2009《十字花科蔬菜病虫害测报技术规范　第三部分：小菜蛾》 NY/T 2360—2013《十字花科小菜蛾抗药性监测技术规程》 DB31/T 585—2012《小菜蛾测报技术规范》 DB12/T 355—2007《无公害农产品蔬菜病虫监测技术规范　小菜蛾》 NY/T 1859.5—2014《农药抗性风险评估　第 5 部分：十字花科蔬菜小菜蛾抗药性风险评估》

（续表）

观测任务	一级指标	参考的标准规范名称及编号
烟粉虱	基本信息	《烟粉虱科学观测数据标准与质量控制规范》（国家植物保护数据中心制定） NY/T 2727—2015《烟粉虱抗药性监测技术规程》
	监测地稳定信息	
	作物微气候自动监测	
	农事操作记录	
	作物、害虫和天敌数量指标	
	个体性状指标	
蔬菜根结线虫病	基本信息	《蔬菜根结线虫病科学观测数据标准与质量控制规范》（国家植物保护数据中心制定） GB/T 17980.38—2000《农药田间药效试验准则（一）杀线虫剂防治根部线虫病》 DB 43/T 955—2014《蔬菜根结线虫病综合防治技术规程》 DB 37/T 2600.20—2014《蔬菜病虫害综合防治技术规程 第20部分：蔬菜根结线虫病》 DB 32/T 2235—2012《设施农业根结线虫病防治规程》
	监测地稳定信息	
	作物微气候自动监测	
	农事操作记录	
	数量动态指标	
	质量动态指标	
马铃薯晚疫病	基本信息	《马铃薯晚疫病科学观测数据标准与质量控制规范》（国家植物保护数据中心制定） NY/T 1854—2010《马铃薯晚疫病测报技术规范》 NY/T 3063—2016《马铃薯抗晚疫病室内鉴定技术规程》
	监测地稳定信息	
	作物微气候自动监测	
	农事操作记录	
	数量动态指标	
	质量动态指标	
茶尺蠖	基本信息	《茶尺蠖科学观测数据标准与质量控制规范》（国家植物保护数据中心制定） DB33/T 867.1—2012《茶树主要害虫测报调查规范 第1部分：茶尺蠖》
	监测地稳定信息	
	作物微气候自动监测	
	农事操作记录	
	作物、害虫和天敌数量指标	
	个体性状指标	

（续表）

观测任务	一级指标	参考的标准规范名称及编号
茶小绿叶蝉	基本信息	《茶小绿叶蝉科学观测数据标准与质量控制规范》（国家植物保护数据中心制定） DB33/T 867.1—2012《茶树主要害虫测报调查规范　第4部分：假眼小绿叶蝉》
	监测地稳定信息	
	作物微气候自动监测	
	农事操作记录	
	作物、害虫和天敌数量指标	
	个体性状指标	
茶炭疽病	基本信息	《茶炭疽病科学观测数据标准与质量控制规范》（国家植物保护数据中心制定） NY/T 3862—2021《茶云纹叶枯病监测技术规程》
	监测地稳定信息	
	作物微气候自动监测	
	农事操作记录	
	数量动态指标	
	质量动态指标	
吸虫塔	基本信息	《植物保护科学观测实验站吸虫塔数据标准与质量控制规范》（国家植物保护数据中心制定）
	吸虫塔虫情信息	
测报灯	基本信息	《植物保护科学观测实验站测报灯数据标准与质量控制规范》（国家植物保护数据中心制定） GB/T 24689.1—2009《植物保护机械　虫情测报灯》
	测报灯情信息	
气象	基本信息	《植物保护科学观测实验站气象数据标准与质量控制规范》（国家植物保护数据中心制定） GB/T 35221—2017《地面气象观测规范　总则》 GB/T 35237—2017《地面气象观测规范　自动观测》
	气象要素自动监测信息	

第七章

国家畜禽养殖数据中心观测指标体系

第一节　中心介绍

总体定位：国家畜禽养殖数据中心依托于中国农业科学院北京畜牧兽医研究所，旨在通过长期定位观测，对畜禽养殖重要生产要素动态变化进行系统的观察、监测和记录，阐明内在联系及发展规律，建立全国性畜禽养殖基础性长期性观测数据库和技术平台，为国家饲粮安全、畜禽种业安全和生态安全提供数据支撑，为我国畜牧业宏观决策和指导畜牧业可持续发展提供科学依据。

重点任务：中心针对我国主要畜禽品种资源群体和主导畜禽品种的育种群体，饲料原料成分、生物学效价、畜禽饲料转化效率和营养需求，畜禽品种生产结构变化情况，大中型畜禽养殖场主要污染物的产排路径、影响因素及迁移转化趋势，畜禽粪便养分、重金属、抗生素和病原微生物成分等重大科学问题及产业需求，围绕主要畜禽种质资源鉴定与育种、饲料营养价值与畜禽营养需求、畜禽养殖结构和养殖方式变化、大中型畜禽养殖场环境变化、畜禽粪便成分变化5项重点任务在全国开展长期定位观测监测。建立相应的技术规范及数据标准，开展数据的收集、整理与挖掘利用，建立我国畜禽养殖长期定位观测数据库和共享平台，数据支撑畜牧业科技创新和畜牧业高质量发展。

站点布局：中心在农业农村部的统一部署下，围绕主要畜禽种质资源鉴定与育种、饲料营养价值与畜禽营养需求、畜禽养殖结构和养殖方式变化、大中型畜禽养殖场环境变化、畜禽粪便成分变化5项重点任务在全国布局观测监测体系，由中国农业科学院北京畜牧兽医研究所牵头，协同中国农业科学院农业经济与发展研究所、农业农村部环境保护监测所、中国农业科学院农业环境与可持续发展研究所等共同开展，在全国布局设立包括国家农业科学乌拉盖观测实验站、国家农业科学江夏观测实验站在内的63个畜禽养殖科学实验站，下设226个监测点，在实验站的布局上完成了全国各省份的覆盖，形成了可代表我国不同气候环境、生产模式、主要品种的监测网点，建立了全国性畜禽养殖基础性长期性数观测监测体系。

观测标准：按照农业基础性长期性科技工作凝练“科学问题、产业问题和方法问题”的工作思路，中心围绕领域重点任务，制定了畜禽养殖领域观测监测指标209项，畜禽养殖描述规范与数据标准由本领域学术委员会权威专家研讨制定，每类指标的描述规范和数据标准中包括了依据的原则和方法，专业性词汇表述标准，术语描述性规范，观测监测数据标准、观测监测数据质量控制规范等内容；描述规范和数据标准详细规定了样品基本信息、生产性能、饲料原料营养成分、饲料生物学效价、饲料转化效率、养殖数据指标、粪便、污水、有害气体、施肥区土壤、施肥区径流水/淋溶水等数据采集范围，覆盖了采样、保存、检验检测、数据汇交等全环节流程，为长期定位观测监测工作数据的科学性与高质量提供了重要保障。

第二节　指标体系

观测任务及指标见表7-1。

表7-1　观测任务及指标

观测任务	一级指标	二级指标	三级指标
主要畜禽种质资源鉴定与育种	畜禽种质基本信息	畜禽种质基本信息	品种或遗传背景
主要畜禽种质资源鉴定与育种	畜禽种质基本信息	畜禽种质基本信息	品种特性
主要畜禽种质资源鉴定与育种	生产性能	肉牛性能指标	牛初生体重
主要畜禽种质资源鉴定与育种	生产性能	肉牛性能指标	牛育肥终重
主要畜禽种质资源鉴定与育种	生产性能	肉牛性能指标	牛育肥期日增重
主要畜禽种质资源鉴定与育种	生产性能	肉牛性能指标	牛育肥始重
主要畜禽种质资源鉴定与育种	生产性能	生猪性能指标	生猪100 kg活体背膘厚
主要畜禽种质资源鉴定与育种	生产性能	生猪性能指标	生猪总产仔数
主要畜禽种质资源鉴定与育种	生产性能	生猪性能指标	生猪产活仔数
主要畜禽种质资源鉴定与育种	生产性能	生猪性能指标	生猪初生重

（续表）

观测任务	一级指标	二级指标	三级指标
主要畜禽种质资源鉴定与育种	生产性能	生猪性能指标	生猪达 100 kg 体重日龄
主要畜禽种质资源鉴定与育种	生产性能	生猪性能指标	生猪出栏重
主要畜禽种质资源鉴定与育种	生产性能	生猪性能指标	生猪出栏日龄
主要畜禽种质资源鉴定与育种	生产性能	肉鸡性能指标	肉鸡种鸡 66 周龄产蛋量（HH）
主要畜禽种质资源鉴定与育种	生产性能	肉鸡性能指标	肉鸡上市平均活重（7/8 周龄）
主要畜禽种质资源鉴定与育种	生产性能	肉鸡性能指标	肉鸡存活率
主要畜禽种质资源鉴定与育种	生产性能	肉鸡性能指标	肉鸡料重比
主要畜禽种质资源鉴定与育种	生产性能	蛋鸡性能指标	蛋鸡 300 日龄蛋重
主要畜禽种质资源鉴定与育种	生产性能	蛋鸡性能指标	蛋鸡 72 周龄产蛋数（HH）
主要畜禽种质资源鉴定与育种	生产性能	奶牛性能指标	牛胎次
主要畜禽种质资源鉴定与育种	生产性能	奶牛性能指标	牛胎次产乳量
主要畜禽种质资源鉴定与育种	生产性能	奶牛性能指标	牛乳脂肪
主要畜禽种质资源鉴定与育种	生产性能	奶牛性能指标	牛乳蛋白质
主要畜禽种质资源鉴定与育种	生产性能	奶牛性能指标	牛体细胞数
主要畜禽种质资源鉴定与育种	生产性能	羊性能指标	羊产羔数
主要畜禽种质资源鉴定与育种	生产性能	羊性能指标	肉羊初生重
主要畜禽种质资源鉴定与育种	生产性能	羊性能指标	肉羊 6 月龄重
主要畜禽种质资源鉴定与育种	生产性能	羊性能指标	肉羊周岁体重
主要畜禽种质资源鉴定与育种	生产性能	羊性能指标	绒毛羊剪毛量
主要畜禽种质资源鉴定与育种	生产性能	羊性能指标	绒毛羊净毛量
主要畜禽种质资源鉴定与育种	生产性能	羊性能指标	绒毛羊毛细度
主要畜禽种质资源鉴定与育种	生产性能	羊性能指标	绒毛羊绒细度
主要畜禽种质资源鉴定与育种	生产性能	羊性能指标	绒毛羊绒长
主要畜禽种质资源鉴定与育种	生产性能	羊性能指标	奶山羊产奶量
饲料营养价值与畜禽营养需求监测	饲料原料样品描述	基本信息	编号、名称和品种
饲料营养价值与畜禽营养需求监测	饲料原料样品描述	产地信息	产地地址

（续表）

观测任务	一级指标	二级指标	三级指标
饲料营养价值与畜禽营养需求监测	饲料原料样品描述	生产条件信息	收获时间信息、储存条件和时间
饲料营养价值与畜禽营养需求监测	饲料原料样品描述	生产条件信息	加工工艺、产品形态
饲料营养价值与畜禽营养需求监测	饲料原料样品描述	采样信息	采样人基本信息
饲料营养价值与畜禽营养需求监测	饲料原料营养成分	概略养分含量	水分
饲料营养价值与畜禽营养需求监测	饲料原料营养成分	概略养分含量	粗蛋白
饲料营养价值与畜禽营养需求监测	饲料原料营养成分	概略养分含量	粗脂肪
饲料营养价值与畜禽营养需求监测	饲料原料营养成分	概略养分含量	粗灰分
饲料营养价值与畜禽营养需求监测	饲料原料营养成分	碳水化合物组分含量	淀粉
饲料营养价值与畜禽营养需求监测	饲料原料营养成分	碳水化合物组分含量	中性洗涤纤维
饲料营养价值与畜禽营养需求监测	饲料原料营养成分	碳水化合物组分含量	酸性洗涤纤维
饲料营养价值与畜禽营养需求监测	饲料原料营养成分	碳水化合物组分含量	酸性洗涤木质素
饲料营养价值与畜禽营养需求监测	饲料原料营养成分	氨基酸含量	丙氨酸
饲料营养价值与畜禽营养需求监测	饲料原料营养成分	氨基酸含量	甘氨酸
饲料营养价值与畜禽营养需求监测	饲料原料营养成分	氨基酸含量	丝氨酸
饲料营养价值与畜禽营养需求监测	饲料原料营养成分	氨基酸含量	酪氨酸
饲料营养价值与畜禽营养需求监测	饲料原料营养成分	氨基酸含量	天冬氨酸
饲料营养价值与畜禽营养需求监测	饲料原料营养成分	氨基酸含量	苏氨酸
饲料营养价值与畜禽营养需求监测	饲料原料营养成分	氨基酸含量	精氨酸

（续表）

观测任务	一级指标	二级指标	三级指标
饲料营养价值与畜禽营养需求监测	饲料原料营养成分	氨基酸含量	赖氨酸
饲料营养价值与畜禽营养需求监测	饲料原料营养成分	氨基酸含量	谷氨酸
饲料营养价值与畜禽营养需求监测	饲料原料营养成分	氨基酸含量	脯氨酸
饲料营养价值与畜禽营养需求监测	饲料原料营养成分	氨基酸含量	缬氨酸
饲料营养价值与畜禽营养需求监测	饲料原料营养成分	氨基酸含量	异亮氨酸
饲料营养价值与畜禽营养需求监测	饲料原料营养成分	氨基酸含量	亮氨酸
饲料营养价值与畜禽营养需求监测	饲料原料营养成分	氨基酸含量	苯丙氨酸
饲料营养价值与畜禽营养需求监测	饲料原料营养成分	氨基酸含量	甲硫氨酸
饲料营养价值与畜禽营养需求监测	饲料原料营养成分	氨基酸含量	半胱氨酸
饲料营养价值与畜禽营养需求监测	饲料原料营养成分	氨基酸含量	组氨酸
饲料营养价值与畜禽营养需求监测	饲料原料营养成分	氨基酸含量	色氨酸
饲料营养价值与畜禽营养需求监测	饲料原料营养成分	矿物质元素含量	钙
饲料营养价值与畜禽营养需求监测	饲料原料营养成分	矿物质元素含量	磷
饲料营养价值与畜禽营养需求监测	饲料生物学效价	猪饲料原料养分效价	猪酶水解物能值
饲料营养价值与畜禽营养需求监测	饲料生物学效价	猪饲料原料养分效价	猪消化能
饲料营养价值与畜禽营养需求监测	饲料生物学效价	鸡饲料原料养分效价	鸡酶水解物能值
饲料营养价值与畜禽营养需求监测	饲料生物学效价	鸡饲料原料养分效价	鸡表观代谢能
饲料营养价值与畜禽营养需求监测	饲料生物学效价	鸭饲料原料养分效价	鸭酶水解物能值

（续表）

观测任务	一级指标	二级指标	三级指标
饲料营养价值与畜禽营养需求监测	饲料生物学效价	鸭饲料原料养分效价	鸭表观代谢能
饲料营养价值与畜禽营养需求监测	饲料生物学效价	牛饲料原料养分效价	瘤胃蛋白有效降解率
饲料营养价值与畜禽营养需求监测	饲料转化效率	生长猪生产性能	平均日增重
饲料营养价值与畜禽营养需求监测	饲料转化效率	生长猪生产性能	日采食量
饲料营养价值与畜禽营养需求监测	饲料转化效率	生长猪生产性能	料重比
饲料营养价值与畜禽营养需求监测	饲料转化效率	肉鸡生产性能	日增重
饲料营养价值与畜禽营养需求监测	饲料转化效率	肉鸡生产性能	日采食量
饲料营养价值与畜禽营养需求监测	饲料转化效率	肉鸡生产性能	料重比
饲料营养价值与畜禽营养需求监测	饲料转化效率	肉鸭生产性能	日增重
饲料营养价值与畜禽营养需求监测	饲料转化效率	肉鸭生产性能	日采食量
饲料营养价值与畜禽营养需求监测	饲料转化效率	肉鸭生产性能	料重比
饲料营养价值与畜禽营养需求监测	饲料转化效率	蛋鸡生产性能	日产蛋率
饲料营养价值与畜禽营养需求监测	饲料转化效率	蛋鸡生产性能	日采食量
饲料营养价值与畜禽营养需求监测	饲料转化效率	蛋鸡生产性能	料蛋比
饲料营养价值与畜禽营养需求监测	饲料转化效率	蛋鸭生产性能	产蛋率
饲料营养价值与畜禽营养需求监测	饲料转化效率	蛋鸭生产性能	日采食量
饲料营养价值与畜禽营养需求监测	饲料转化效率	蛋鸭生产性能	料蛋比
饲料营养价值与畜禽营养需求监测	饲料转化效率	肉牛生产性能	育肥始重

（续表）

观测任务	一级指标	二级指标	三级指标
饲料营养价值与畜禽营养需求监测	饲料转化效率	肉牛生产性能	育肥终重
饲料营养价值与畜禽营养需求监测	饲料转化效率	肉牛生产性能	日增重
饲料营养价值与畜禽营养需求监测	饲料转化效率	肉牛生产性能	料重比
饲料营养价值与畜禽营养需求监测	饲料转化效率	奶牛	日产奶量
饲料营养价值与畜禽营养需求监测	饲料转化效率	奶牛	日采食量
饲料营养价值与畜禽营养需求监测	饲料转化效率	羊生产性能	日增重
饲料营养价值与畜禽营养需求监测	饲料转化效率	羊生产性能	日采食量
畜禽养殖结构和养殖方式变化监测	基本信息	养殖场信息	养殖方式
畜禽养殖结构和养殖方式变化监测	基本信息	养殖场信息	监测点编号
畜禽养殖结构和养殖方式变化监测	基本信息	养殖场信息	记录地点
畜禽养殖结构和养殖方式变化监测	基本信息	监测县指标	良种化率（%）
畜禽养殖结构和养殖方式变化监测	基本信息	监测县指标	病死数量（头）
畜禽养殖结构和养殖方式变化监测	基本信息	监测县指标	病死畜禽无害化处理率（%）
畜禽养殖结构和养殖方式变化监测	基本信息	监测县指标	畜禽家庭农场数量（个）
畜禽养殖结构和养殖方式变化监测	基本信息	监测户指标	病死数量（头）
畜禽养殖结构和养殖方式变化监测	基本信息	监测户指标	病死畜禽无害化处理率（%）
畜禽养殖结构和养殖方式变化监测	养殖数据指标	生猪	生猪存栏量
畜禽养殖结构和养殖方式变化监测	养殖数据指标	生猪	生猪出栏量

（续表）

观测任务	一级指标	二级指标	三级指标
畜禽养殖结构和养殖方式变化监测	养殖数据指标	生猪	能繁母猪头数
畜禽养殖结构和养殖方式变化监测	养殖数据指标	生猪	育肥猪头数
畜禽养殖结构和养殖方式变化监测	养殖数据指标	生猪	能繁母猪年提供仔猪数
畜禽养殖结构和养殖方式变化监测	养殖数据指标	生猪	育肥猪出栏活重
畜禽养殖结构和养殖方式变化监测	养殖数据指标	生猪	不同规模生猪养殖场（户）家数
畜禽养殖结构和养殖方式变化监测	养殖数据指标	生猪	生猪养殖粪污无害化处理率
畜禽养殖结构和养殖方式变化监测	养殖数据指标	奶牛	泌乳牛头数
畜禽养殖结构和养殖方式变化监测	养殖数据指标	奶牛	后备牛头数
畜禽养殖结构和养殖方式变化监测	养殖数据指标	奶牛	奶牛牛犊头数
畜禽养殖结构和养殖方式变化监测	养殖数据指标	奶牛	奶牛存栏量
畜禽养殖结构和养殖方式变化监测	养殖数据指标	奶牛	泌乳牛每头每天平均产奶量
畜禽养殖结构和养殖方式变化监测	养殖数据指标	奶牛	泌乳牛年均奶产量
畜禽养殖结构和养殖方式变化监测	养殖数据指标	奶牛	奶牛养殖粪污无害化处理率
畜禽养殖结构和养殖方式变化监测	养殖数据指标	奶牛	不同规模奶牛养殖场（户）家数
畜禽养殖结构和养殖方式变化监测	养殖数据指标	肉牛	肉牛存栏量
畜禽养殖结构和养殖方式变化监测	养殖数据指标	肉牛	肉牛出栏量
畜禽养殖结构和养殖方式变化监测	养殖数据指标	肉牛	能繁母牛头数
畜禽养殖结构和养殖方式变化监测	养殖数据指标	肉牛	不同规模肉牛养殖场（户）家数

（续表）

观测任务	一级指标	二级指标	三级指标
畜禽养殖结构和养殖方式变化监测	养殖数据指标	肉牛	育肥牛出栏活重
畜禽养殖结构和养殖方式变化监测	养殖数据指标	肉牛	能繁母牛年提供犊牛数
畜禽养殖结构和养殖方式变化监测	养殖数据指标	肉牛	肉牛养殖粪污无害化处理率
畜禽养殖结构和养殖方式变化监测	养殖数据指标	肉羊	肉羊存栏量
畜禽养殖结构和养殖方式变化监测	养殖数据指标	肉羊	肉羊出栏量
畜禽养殖结构和养殖方式变化监测	养殖数据指标	肉羊	能繁母羊只数
畜禽养殖结构和养殖方式变化监测	养殖数据指标	肉羊	育肥羊只数
畜禽养殖结构和养殖方式变化监测	养殖数据指标	肉羊	育肥羊达 45 kg 日龄
畜禽养殖结构和养殖方式变化监测	养殖数据指标	肉羊	育肥羊出栏活重
畜禽养殖结构和养殖方式变化监测	养殖数据指标	肉羊	肉羊养殖粪污无害化处理率
畜禽养殖结构和养殖方式变化监测	养殖数据指标	肉羊	不同规模肉羊养殖场（户）家数
畜禽养殖结构和养殖方式变化监测	养殖数据指标	肉鸡	肉鸡存栏量
畜禽养殖结构和养殖方式变化监测	养殖数据指标	肉鸡	肉鸡出栏量
畜禽养殖结构和养殖方式变化监测	养殖数据指标	肉鸡	肉鸡养殖粪污无害化处理率
畜禽养殖结构和养殖方式变化监测	养殖数据指标	肉鸡	不同规模肉鸡养殖场（户）家数
畜禽养殖结构和养殖方式变化监测	养殖数据指标	蛋鸡	蛋鸡存栏量
畜禽养殖结构和养殖方式变化监测	养殖数据指标	蛋鸡	蛋鸡产蛋量
畜禽养殖结构和养殖方式变化监测	养殖数据指标	蛋鸡	不同规模蛋鸡养殖场（户）家数

（续表）

观测任务	一级指标	二级指标	三级指标
畜禽养殖结构和养殖方式变化监测	养殖数据指标	蛋鸡	蛋鸡养殖粪污无害化处理率
畜禽养殖结构和养殖方式变化监测	养殖数据指标	肉鸭	肉鸭存栏量
畜禽养殖结构和养殖方式变化监测	养殖数据指标	肉鸭	肉鸭出栏量
畜禽养殖结构和养殖方式变化监测	养殖数据指标	肉鸭	不同规模肉鸡养殖场（户）家数
大中型畜禽养殖场环境变化监测	样品基本信息	饲养信息	畜禽种类
大中型畜禽养殖场环境变化监测	样品基本信息	饲养信息	养殖规模
大中型畜禽养殖场环境变化监测	样品基本信息	饲养信息	饲养阶段
大中型畜禽养殖场环境变化监测	粪便	粪便理化性质	粪便含水率
大中型畜禽养殖场环境变化监测	粪便	粪便理化性质	粪便有机质含量
大中型畜禽养殖场环境变化监测	粪便	粪便理化性质	粪便全氮含量
大中型畜禽养殖场环境变化监测	粪便	粪便理化性质	粪便氨氮含量
大中型畜禽养殖场环境变化监测	粪便	粪便理化性质	粪便全磷含量
大中型畜禽养殖场环境变化监测	粪便	粪便卫生学指标	粪便粪大肠菌群
大中型畜禽养殖场环境变化监测	粪便	粪便卫生学指标	粪便蛔虫卵数
大中型畜禽养殖场环境变化监测	粪便	粪便重金属	粪便铜含量
大中型畜禽养殖场环境变化监测	粪便	粪便重金属	粪便锌含量
大中型畜禽养殖场环境变化监测	粪便	粪便重金属	粪便铬含量
大中型畜禽养殖场环境变化监测	粪便	粪便重金属	粪便镉含量

（续表）

观测任务	一级指标	二级指标	三级指标
大中型畜禽养殖场环境变化监测	粪便	粪便重金属	粪便汞含量
大中型畜禽养殖场环境变化监测	粪便	粪便重金属	粪便铅含量
大中型畜禽养殖场环境变化监测	污水	污水理化性质	污水 pH 值
大中型畜禽养殖场环境变化监测	污水	污水理化性质	污水化学需氧量
大中型畜禽养殖场环境变化监测	污水	污水理化性质	污水氨氮含量
大中型畜禽养殖场环境变化监测	污水	污水理化性质	污水总氮含量
大中型畜禽养殖场环境变化监测	污水	污水理化性质	污水总磷含量
大中型畜禽养殖场环境变化监测	污水	污水理化性质	五日生化需氧量（BOD）
大中型畜禽养殖场环境变化监测	污水	污水卫生学指标	污水粪大肠菌群数
大中型畜禽养殖场环境变化监测	污水	污水卫生学指标	污水蛔虫卵数
大中型畜禽养殖场环境变化监测	污水	污水重金属	污水铜含量
大中型畜禽养殖场环境变化监测	污水	污水重金属	污水锌含量
大中型畜禽养殖场环境变化监测	污水	污水重金属	污水铬含量
大中型畜禽养殖场环境变化监测	污水	污水重金属	污水镉含量
大中型畜禽养殖场环境变化监测	有害气体	有害气体	氨气含量
大中型畜禽养殖场环境变化监测	有害气体	有害气体	硫化氢含量
大中型畜禽养殖场环境变化监测	有害气体	有害气体	甲烷含量
大中型畜禽养殖场环境变化监测	有害气体	有害气体	N_2O 浓度

（续表）

观测任务	一级指标	二级指标	三级指标
大中型畜禽养殖场环境变化监测	有害气体	有害气体	VOCs 浓度
大中型畜禽养殖场环境变化监测	施肥区土壤	施肥区土壤理化特性	施肥区土壤全氮含量
大中型畜禽养殖场环境变化监测	施肥区土壤	施肥区土壤理化特性	施肥区土壤全磷含量
大中型畜禽养殖场环境变化监测	施肥区土壤	施肥区土壤理化特性	施肥区土壤有机质含量
大中型畜禽养殖场环境变化监测	施肥区土壤	施肥区土壤重金属	施肥区土壤总汞含量
大中型畜禽养殖场环境变化监测	施肥区土壤	施肥区土壤重金属	施肥区土壤总铅含量
大中型畜禽养殖场环境变化监测	施肥区土壤	施肥区土壤重金属	施肥区土壤铬含量
大中型畜禽养殖场环境变化监测	施肥区土壤	施肥区土壤重金属	施肥区土壤镉含量
畜禽粪便成分变化监测	样品基本信息	饲养信息	畜禽种类
畜禽粪便成分变化监测	样品基本信息	饲养信息	养殖规模
畜禽粪便成分变化监测	样品基本信息	饲养信息	饲养阶段
畜禽粪便成分变化监测	样品基本信息	饲料特性	日采食量
畜禽粪便成分变化监测	样品基本信息	粪尿产生量	鲜粪固体粪便日产生量
畜禽粪便成分变化监测	样品基本信息	粪尿产生量	鲜粪尿液日产生量
畜禽粪便成分变化监测	鲜粪检测指标	鲜粪理化特性	鲜粪有机质含量
畜禽粪便成分变化监测	鲜粪检测指标	鲜粪理化特性	鲜粪含水率含量
畜禽粪便成分变化监测	鲜粪检测指标	鲜粪理化特性	鲜粪全氮含量
畜禽粪便成分变化监测	鲜粪检测指标	鲜粪理化特性	鲜粪全磷含量
畜禽粪便成分变化监测	鲜粪检测指标	鲜粪理化特性	鲜粪全钾含量
畜禽粪便成分份变化监测	鲜粪检测指标	鲜粪理化特性	鲜粪挥发性固体含量
畜禽粪便成分变化监测	鲜粪检测指标	鲜粪理化特性	鲜粪 pH 值
畜禽粪便成分变化监测	鲜粪检测指标	鲜粪理化特性	鲜粪化学需氧量
畜禽粪便成分变化监测	鲜粪检测指标	鲜粪理化特性	鲜粪氨氮含量
畜禽粪便成分变化监测	鲜粪检测指标	鲜粪理化特性	鲜粪总凯氏氮含量
畜禽粪便成分变化监测	鲜粪检测指标	鲜粪重金属	鲜粪铜含量

（续表）

观测任务	一级指标	二级指标	三级指标
畜禽粪便成分变化监测	鲜粪检测指标	鲜粪重金属	鲜粪锌含量
畜禽粪便成分变化监测	鲜粪检测指标	病原微生物	粪大肠杆菌
畜禽粪便成分变化监测	鲜粪检测指标	病原微生物	蛔虫卵
畜禽粪便成分变化监测	鲜粪检测指标	病原微生物	沙门菌

第三节　测定方法和规范

参考的标准规范编号及名称见表 7-2。

表 7-2　参考的标准规范编号及名称

观测任务	一级指标	参考的标准规范编号及名称
主要畜禽种质资源鉴定与育种	畜禽种质基本信息	GB/T 27534—2011《禽遗传资源调查技术规范》
主要畜禽种质资源鉴定与育种	生产性能	NY/T 2660—2014《肉牛生产性能测定技术规范》
主要畜禽种质资源鉴定与育种	生产性能	NYT 820—2004《种猪登记技术规范》
主要畜禽种质资源鉴定与育种	生产性能	NY/T 828—2004《肉鸡生产性能技术测定规范》
主要畜禽种质资源鉴定与育种	生产性能	NY/T 2123—2012《蛋鸡生产性能测定技术规范》
主要畜禽种质资源鉴定与育种	生产性能	NY/T 1450—2007《中国荷斯坦牛生产性能测定技术规范》
主要畜禽种质资源鉴定与育种	生产性能	NY/T 1236—2006《绵、山羊生产性能测定技术规范》
饲料营养价值与畜禽营养需求监测	饲料原料样品描述	项目规范与标准
饲料营养价值与畜禽营养需求监测	饲料原料营养成分	GB/T 6435—2014《饲料中水分的测定》
饲料营养价值与畜禽营养需求监测	饲料原料营养成分	GB/T 6432—2018《饲料中粗蛋白的测定　凯氏定氮法》

（续表）

观测任务	一级指标	参考的标准规范编号及名称
饲料营养价值与畜禽营养需求监测	饲料原料营养成分	GB/T 6433—2006《饲料中粗脂肪的测定》
饲料营养价值与畜禽营养需求监测	饲料原料营养成分	GB/T 6438—2007《饲料中粗灰分的测定》
饲料营养价值与畜禽营养需求监测	饲料原料营养成分	GB/T 20194—2018《动物饲料中淀粉含量的测定》
饲料营养价值与畜禽营养需求监测	饲料原料营养成分	GB/T 20806—2006《饲料中中性洗涤纤维（NDF）的测定》
饲料营养价值与畜禽营养需求监测	饲料原料营养成分	GB/T 20805—2006《饲料中酸性洗涤木质素（ADL）的测定》
饲料营养价值与畜禽营养需求监测	饲料原料营养成分	GB/T 18246—2000《饲料中氨基酸的测定》
饲料营养价值与畜禽营养需求监测	饲料原料营养成分	GB/T 13885—2017《饲料中钙、铜、铁、镁、锰、钾、钠和锌含量的测定　原子吸收光谱法》
饲料营养价值与畜禽营养需求监测	饲料原料营养成分	GB/T 6437—2018《饲料中总磷的测定　分光光度法》
饲料营养价值与畜禽营养需求监测	饲料生物学效价	《猪饲料酶水解物能值测定技术规程》
饲料营养价值与畜禽营养需求监测	饲料生物学效价	GB/T 26438—2010《畜禽饲料有效性与安全性评价　全收粪法测定猪饲料表观消化能技术规程》
饲料营养价值与畜禽营养需求监测	饲料生物学效价	《鸡饲料酶水解物能值测定技术规程》
饲料营养价值与畜禽营养需求监测	饲料生物学效价	GB/T 26437—2010《畜禽饲料有效性与安全性评价　强饲法测定鸡饲料表观代谢能技术规程》
饲料营养价值与畜禽营养需求监测	饲料生物学效价	《鸭饲料酶水解物能值测定技术规程》
饲料营养价值与畜禽营养需求监测	饲料生物学效价	《反刍动物饲料瘤胃降解率的测定-瘤胃尼龙袋法技术规程》
饲料营养价值与畜禽营养需求监测	饲料转化效率	NY/T 822—2004《种猪生产性能测定规程》
饲料营养价值与畜禽营养需求监测	饲料转化效率	NY/T 828—2004《肉鸡生产性能测定技术规范》
饲料营养价值与畜禽营养需求监测	饲料转化效率	GB/T 29389—2012《肉鸭生产性能测定技术规范》
饲料营养价值与畜禽营养需求监测	饲料转化效率	NY/T 2123—2012《蛋鸡生产性能测定技术规范》

（续表）

观测任务	一级指标	参考的标准规范编号及名称
饲料营养价值与畜禽营养需求监测	饲料转化效率	GB/T 29387—2012《蛋鸭生产性能测定技术规范》
饲料营养价值与畜禽营养需求监测	饲料转化效率	NY/T 2660—2014《肉牛生产性能测定技术规范》
饲料营养价值与畜禽营养需求监测	饲料转化效率	NY/T 1450—2007《中国荷斯坦牛生产性能测定技术规范》
饲料营养价值与畜禽营养需求监测	饲料转化效率	NY/T 1236—2006《绵、山羊生产性能测定技术规范》
畜禽养殖结构和养殖方式变化监测	基本信息	项目规范与标准
畜禽养殖结构和养殖方式变化监测	养殖数据指标	项目规范与标准
大中型畜禽养殖场环境变化监测	样品基本信息	项目规范与标准
大中型畜禽养殖场环境变化监测	粪便	GB/T 8576—2010《复混肥料中游离水含量的测定　真空烘箱法》
大中型畜禽养殖场环境变化监测	粪便	NY/T 525—2021《有机肥料》
大中型畜禽养殖场环境变化监测	粪便	HJ 634—2012《土壤　氨氮、亚硝酸盐氮、硝酸盐氮的测定　氯化钾溶液提取-分光光度法》
大中型畜禽养殖场环境变化监测	粪便	GB/T 19524. 1—2004《肥料中粪大肠菌群的测定》
大中型畜禽养殖场环境变化监测	粪便	GB/T 19524. 2—2004《肥料中蛔虫卵死亡率的测定》
大中型畜禽养殖场环境变化监测	粪便	NY/T 305. 1—1995《有机肥料铜的测定方法》
大中型畜禽养殖场环境变化监测	粪便	NY/T 305. 2—1995《有机肥料锌的测定方法》
大中型畜禽养殖场环境变化监测	粪便	NY/T 1978—2010《肥料　汞、砷、镉、铅、铬含量的测定》 GB/T 24875—2010《畜禽粪便中铅、镉、铬、汞的测定　电感耦合等离子体质谱法》
大中型畜禽养殖场环境变化监测	污水	HJ 1147—2020《水质　pH 值的测定　电极法》
大中型畜禽养殖场环境变化监测	污水	HJ 828—2017《水质　化学需氧量的测定　重铬酸盐法》

（续表）

观测任务	一级指标	参考的标准规范编号及名称
大中型畜禽养殖场环境变化监测	污水	HJ 537—2009《水质　氨氮的测定　蒸馏-中和滴定法》
大中型畜禽养殖场环境变化监测	污水	HJ 636—2012《水质　总氮的测定　碱性过硫酸钾消解紫外分光光度法》
大中型畜禽养殖场环境变化监测	污水	GB 11893—1989《水质　总磷的测定　钼酸铵分光光度法》
大中型畜禽养殖场环境变化监测	污水	HJ 505—2009《水质　五日生化需氧量（BOD_5）的测定　稀释与接种法》
大中型畜禽养殖场环境变化监测	污水	HJ 347.2—2018《水质　粪大肠菌群的测定　多管发酵法》
大中型畜禽养殖场环境变化监测	污水	HJ 775—2015《水质　蛔虫卵的测定　沉淀集卵法》
大中型畜禽养殖场环境变化监测	污水	NY/T 305.1—1995《有机肥料铜的测定方法》
大中型畜禽养殖场环境变化监测	污水	NY/T 305.2—1995《有机肥料锌的测定方法》
大中型畜禽养殖场环境变化监测	污水	NY/T 1978—2010《肥料　汞、砷、镉、铅、铬含量的测定》 GB/T 24875—2010《畜禽粪便中铅、镉、铬、汞的测定　电感耦合等离子体质谱法》
大中型畜禽养殖场环境变化监测	有害气体	HJ 533—2009《环境空气和废气　氨的测定　纳氏试剂分光光度法》
大中型畜禽养殖场环境变化监测	有害气体	GB/T 11742—1989《居住区大气中硫化氢卫生检验标准方法　亚甲蓝分光光度法》
大中型畜禽养殖场环境变化监测	有害气体	GB/T 8984—2008《气体中一氧化碳、二氧化碳和碳氢化合物的测定　气相色谱法》
大中型畜禽养殖场环境变化监测	有害气体	HJ 479—2009《环境空气　氮氧化物（一氧化氮和二氧化氮）的测定　盐酸萘乙二胺分光光度法》
大中型畜禽养殖场环境变化监测	有害气体	HJ 644—2013《环境空气　挥发性有机物的测定　吸附管采样-热脱附/气相色谱-质谱法》
大中型畜禽养殖场环境变化监测	施肥区土壤	NY/T 1121.24—2012《土壤检测　第 24 部分：土壤全氮的测定　自动定氮仪法》
大中型畜禽养殖场环境变化监测	施肥区土壤	LY/T 1232—2015《森林土壤磷的测定》
大中型畜禽养殖场环境变化监测	施肥区土壤	NY/T 1121.6—2006《土壤检测　第 6 部分　土壤有机质的测定》

（续表）

观测任务	一级指标	参考的标准规范编号及名称
大中型畜禽养殖场环境变化监测	施肥区土壤	NY/T 1978—2010《肥料　汞、砷、镉、铅、铬含量的测定》 GB/T 24875—2010《畜禽粪便中铅、镉、铬、汞的测定　电感耦合等离子体质谱法》
畜禽粪便成分变化监测	样品基本信息	项目规范与标准
畜禽粪便成分变化监测	样品基本信息	全粪收集法
畜禽粪便成分变化监测	鲜粪检测指标	NY 525—2012《有机肥料》
畜禽粪便成分变化监测	鲜粪检测指标	GB/T 8576—2010《复混肥料中游离水含量的测定　真空烘箱法》
畜禽粪便成分变化监测	鲜粪检测指标	NY 525—2012《有机肥料》
畜禽粪便成分变化监测	鲜粪检测指标	NY 525—2012《有机肥料》 GB 11893-89《水质　总磷的测定　钼酸铵分光光度法》
畜禽粪便成分变化监测	鲜粪检测指标	NY/T 87—1988《土壤全钾测定法》
畜禽粪便成分变化监测	鲜粪检测指标	GB/T 28731—2012《固体生物质燃料工业分析方法》
畜禽粪便成分变化监测	鲜粪检测指标	GB 6920-86《水质　pH 值的测定　玻璃电极法》
畜禽粪便成分变化监测	鲜粪检测指标	HJ 828—2017《水质　化学需氧量的测定　重铬酸盐法》
畜禽粪便成分变化监测	鲜粪检测指标	HJ 537—2009《水质　氨氮的测定　蒸馏-中和滴定法》
畜禽粪便成分变化监测	鲜粪检测指标	GB/T 11891—1989《水质　凯氏氮的测定》
畜禽粪便成分变化监测	鲜粪检测指标	HJ 491—2019《土壤和沉积物　铜、锌、铅、镍、铬的测定　火焰原子吸收分光光度法》 GB/T 7475—1987《水质　铜、锌、铅、镉的测定　原子吸收分光光度法》
畜禽粪便成分变化监测	鲜粪检测指标	GB/T 19524. 1—2004《肥料中粪大肠菌群的测定》
畜禽粪便成分变化监测	鲜粪检测指标	GB/T 19524. 2—2004《肥料中蛔虫卵死亡率的测定》
畜禽粪便成分变化监测	鲜粪检测指标	GB 4789. 4—2016《食品安全国家标准　食品微生物学检验　沙门氏菌检验》

第八章

国家动物疫病数据中心观测指标体系

第一节　中心介绍

国家动物疫病数据中心（以下简称疫病中心）依托于中国农业科学院哈尔滨兽医研究所。该所是新中国最早成立的自然科学研究所，主要从事动物疫病防控相关的基础及应用研究，拥有兽医生物技术国家重点实验室、行业唯一的国家高等级生物安全实验室、国家禽流感参考实验室、国家非洲猪瘟专业实验室、国家马传染性贫血参考实验室、国家马鼻疽参考实验室、国家牛肺疫参考实验室，以及联合国粮农组织（FAO）动物流感参考中心、世界动物卫生组织（WOAH）禽流感参考实验室、WOAH 马传贫参考实验室和 WOAH 鸡传染性法氏囊病参考实验室及 WOAH 亚太区人兽共患病区域协作中心，研究基础设施、设备和条件处于世界先进水平。疫病中心旨在通过长期系统的动态观测和定位实验，获得真实、准确、完整、系统、持续的动物疫病基础数据，研究和建立疫病数据统计、分析及建模方法，构建适合我国动物养殖及疫病流行趋势检测体系和综合数据库，为我国动物疫病基础研究及防控决策提供基础数据资源。

疫病中心根据动物疫病基础性长期性科技工作监测任务内容，结合动物疫病流行规律及对养殖业危害程度，开展了动物重要疫病监测、动物流感病原变异监测、口蹄疫病原变异监测、人兽共患病病原变异监测、细菌性病原和耐药性监测、重点防范的养殖动物外来病监测、动物屠宰和产品风险监测、水产养殖重大及新发疫病流行病学监测 8 项重点监测任务，覆盖了我国动物疫病的重大问题和重大风险点。疫病中心根据动物疫病类型，制定了 4 类动物疫病数据监测规范和数据标准，即畜禽病毒病监测规范和数据标准、畜禽细菌病监测规范和数据标准、畜禽屠宰和产品风险监测规范和数据标准、水生动物疫病监测规范和数据标准。每类数据标准包含了疫病基本信息及养殖单元信息，样品采集与检测，发病情况及菌毒株信息等观测指标，实现样品采集、运输、检测、废弃物安全处理及数据填报等全流程的标准化。

疫病中心现有监测实验站/点 40 个，其中畜禽疫病监测实验站/点 34 个、水产疫病监测实验点 6 个，监测网络覆盖了我国东北、华北、东南、华南、西南、西北各地，其中重庆站于 2019 年入选了农业农村部确定的第二批全国农业科学观测实验站。各实验站/点每年上/下半年各开展常规监测 1 次，在新发疫病监测方面采取疫情发生后实时监测的策略，于每年年底将监测数据提交至数据汇交系统。

第二节　指标体系

观测任务及指标见表 8-1。

表 8-1　观测任务及指标

观测任务	一级指标	二级指标	三级指标
动物重要疫病监测	畜禽病毒病监测	疫病基本信息及养殖单元信息；样品采集与检测；发病情况（有发病时填写）；毒株信息（有分离株时填写）	监测任务编号；疫病名称；疫病英文名称；病原名称；基因型；血清型；疫病种类；养殖单元名称；养殖单元 GPS 位置；养殖场类型；存栏数量（羽/头/匹）；动物品种；饲养方式；养殖场建立时间；饲料种类；饲料来源；饮用水来源；饮用水处理；粪污处理方式；病死动物处置方式；常用抗生素名称；其他混养动物；样品数量；采集人姓名；采集人联系方式；检测人姓名；检测人联系方式；样品编号；采样时间；采样动物种类；动物日龄/年龄；动物性别；采样时动物状态；样品类型；样品保存液；样品运输保存条件；样品实验室保存条件；病原学检测方法；病原学检测结果；病原学检测结果上传；检测时间；起始发病时间；发病时长；发病动物日龄/年龄；发病动物数量（羽/头/匹）；该日龄动物养殖数量（羽/头/匹）；发病动物性别；发病动物临床症状；发病动物剖检变化；发病率；死亡率；病死率；发病动物防治措施；治疗效果；样品编号；毒株名称；毒株英文名称；血清型；基因型；鉴定方法；结果上传；毒株负责人；负责人联系方式；保存数量（管/瓶）；分离时间；基因/基因组序列

（续表）

观测任务	一级指标	二级指标	三级指标
动物流感病原变异监测	畜禽病毒病监测	疫病基本信息及养殖单元信息；样品采集与检测；发病情况（有发病时填写）；毒株信息（有分离株时填写）	监测任务编号；疫病名称；疫病英文名称；病原名称；基因型；血清型；疫病种类；养殖单元名称；养殖单元 GPS 位置；养殖场类型；存栏数量（羽/头/匹）；动物品种；饲养方式；养殖场建立时间；饲料种类；饲料来源；饮用水来源；饮用水处理；粪污处理方式；病死动物处置方式；常用抗生素名称；其他混养动物；样品数量；采集人姓名；采集人联系方式；检测人姓名；检测人联系方式；样品编号；采样时间；采样动物种类；动物日龄/年龄；动物性别；采样时动物状态；样品类型；样品保存液；样品运输保存条件；样品实验室保存条件；病原学检测方法；病原学检测结果；病原学检测结果上传；检测时间；起始发病时间；发病时长；发病动物日龄/年龄；发病动物数量（羽/头/匹）；该日龄动物养殖数量（羽/头/匹）；发病动物性别；发病动物临床症状；发病动物剖检变化；发病率；死亡率；病死率；发病动物防治措施；治疗效果；样品编号；毒株名称；毒株英文名称；血清型；基因型；鉴定方法；结果上传；毒株负责人；负责人联系方式；保存数量（管/瓶）；分离时间；基因/基因组序列
口蹄疫病原变异监测	畜禽病毒病监测	疫病基本信息及养殖单元信息；样品采集与检测；发病情况（有发病时填写）；毒株信息（有分离株时填写）	监测任务编号；疫病名称；疫病英文名称；病原名称；基因型；血清型；疫病种类；养殖单元名称；养殖单元 GPS 位置；养殖场类型；存栏数量（羽/头/匹）；动物品种；饲养方式；养殖场建立时间；饲料种类；饲料来源；饮用水来源；饮用水处理；粪污处理方式；病死动物处置方式；常用抗生素名称；其他混养动物；样品数量；采集人姓名；采集人联系方式；检测人姓名；检测人联系方式；样品编号；采样时间；采样动物种类；动物日龄/年龄；动物性别；采样时动物状态；样品类型；样品保存液；样品运输保存条件；样品实验室保存条件；病原学检测方法；病原学检测结果；病原学检测结果上传；检测时间；起始发病时间；发病时长；发病动物日龄/年龄；发病动物数量（羽/头/匹）；该日龄动物养殖数量（羽/头/匹）；发病动物性别；发病动物临床症状；发病动物剖检变化；发病率；死亡率；病死率；发病动物防治措施；治疗效果；样品编号；毒株名称；毒株英文名称；血清型；基因型；鉴定方法；结果上传；毒株负责人；负责人联系方式；保存数量（管/瓶）；分离时间；基因/基因组序列

（续表）

观测任务	一级指标	二级指标	三级指标
人兽共患病病原变异监测	畜禽病毒病监测	疫病基本信息及养殖单元信息；样品采集与检测；发病情况（有发病时填写）；毒株信息（有分离株时填写）	监测任务编号；疫病名称；疫病英文名称；病原名称；基因型；血清型；疫病种类；养殖单元名称；养殖单元GPS位置；养殖场类型；存栏数量（羽/头/匹）；动物品种；饲养方式；养殖场建立时间；饲料种类；饲料来源；饮用水来源；饮用水处理；粪污处理方式；病死动物处置方式；常用抗生素名称；其他混养动物；样品数量；采集人姓名；采集人联系方式；检测人姓名；检测人联系方式；样品编号；采样时间；采样动物种类；动物日龄/年龄；动物性别；采样时动物状态；样品类型；样品保存液；样品运输保存条件；样品实验室保存条件；病原学检测方法；病原学检测结果；病原学检测结果上传；检测时间；起始发病时间；发病时长；发病动物日龄/年龄；发病动物数量（羽/头/匹）；该日龄动物养殖数量（羽/头/匹）；发病动物性别；发病动物临床症状；发病动物剖检变化；发病率；死亡率；病死率；发病动物防治措施；治疗效果；样品编号；毒株名称；毒株英文名称；血清型；基因型；鉴定方法；结果上传；毒株负责人；负责人联系方式；保存数量（管/瓶）；分离时间；基因/基因组序列
细菌性病原和耐药性监测	畜禽细菌病监测	疫病基本信息及养殖单元信息；样品采集与检测；发病情况（有发病时填写）；菌株信息（有分离株时填写）	监测任务编号；疫病名称；疫病英文名称；病原名称；基因型；血清型；疫病种类；养殖单元名称；养殖单元GPS位置；养殖场类型；存栏数量（羽/头/匹）；动物品种；饲养方式；养殖场建立时间；饲料种类；饲料来源；饮用水来源；饮用水处理；粪污处理方式；病死动物处置方式；常用抗生素名称；其他混养动物；样品数量；采集人姓名；采集人联系方式；检测人姓名；检测人联系方式；样品编号；采样时间；采样动物种类；动物日龄/年龄；动物性别；采样时动物状态；样品类型；样品保存液；样品运输保存条件；样品实验室保存条件；病原学检测方法；病原学检测结果；病原学检测结果上传；检测时间；起始发病时间；发病时长；发病动物日龄/年龄；发病动物数量（羽/头/匹）；该日龄动物养殖数量（羽/头/匹）；发病动物性别；发病动物临床症状；发病动物剖检变化；发病率；死亡率；病死率；发病动物防治措施；治疗效果；样品编号；毒株名称；毒株英文名称；血清型；基因型；鉴定方法；结果上传；毒株负责人；负责人联系方式；保存数量（管/瓶）；分离时间；基因/基因组序列

（续表）

观测任务	一级指标	二级指标	三级指标
重点防范的养殖动物外来病监测	畜禽病毒病监测	疫病基本信息及养殖单元信息；样品采集与检测；发病情况（有发病时填写）；毒株信息（有分离株时填写）	监测任务编号；疫病名称；疫病英文名称；病原名称；基因型；血清型；疫病种类；养殖单元名称；养殖单元GPS位置；养殖场类型；存栏数量（羽/头/匹）；动物品种；饲养方式；养殖场建立时间；饲料种类；饲料来源；饮用水来源；饮用水处理；粪污处理方式；病死动物处置方式；常用抗生素名称；其他混养动物；样品数量；采集人姓名；采集人联系方式；检测人姓名；检测人联系方式；样品编号；采样时间；采样动物种类；动物日龄/年龄；动物性别；采样时动物状态；样品类型；样品保存液；样品运输保存条件；样品实验室保存条件；病原学检测方法；病原学检测结果；病原学检测结果上传；测试药物名称；测试药物来源；耐药性检测方法；敏感药物；中介药物；耐药药物；耐药基因；耐药基因检测结果；检测时间；起始发病时间；发病时长；发病动物日龄/年龄；发病动物数量（羽/头/匹）；该日龄动物养殖数量（羽/头/匹）；发病动物性别；发病动物临床症状；发病动物剖检变化；发病率；死亡率；病死率；发病动物防治措施；治疗效果；样品编号；菌株名称；菌株英文名称；血清型；血清群；鉴定方法；结果上传；菌株负责人；负责人联系方式；保存数量（管/瓶）；分离时间；基因/基因组序列
动物屠宰和产品风险监测	畜禽屠宰和产品风险监测	病原疾病信息；屠宰单元样品采集与检测；活禽/畜市场样品采集与检测	监测任务编号；病原名称；病原英文名称；血清型名称；基因型名称；病原类型；采集人姓名；采集人联系方式；检测负责人姓名；检测负责人联系方式；样品编号；采样时间；屠宰单元名称；屠宰单元位置；屠宰单元GPS位置；采样动物种类；样品类型；样品保存液；病原学检测方法；病原学检测结果；检测结果上传；检测时间；屠宰场生产方式；屠宰动物来源；日屠宰量（羽/头/匹）；卫生质量控制；产品来源及去向是否可追溯；供宰动物；宰前检验结果；宰后检验结果；样品编号；采样时间；活禽/畜市场名称；活禽/畜市场位置；活禽/畜市场GPS位置；采样动物种类；样品类型；样品保存液；病原学检测方法；病原学检测结果；检测结果上传；检测时间；活禽/畜市场动物来源；活禽/畜市场动物存量（羽/头/匹）；日售卖量（羽/头/匹）；动物检疫；市场消毒频次
水产养殖重大及新发疫病流行病学监测	水生动物疫病监测	疫病基本信息；样品采集与检测；发病情况（有发病时填写）	监测任务编号；疫病名称；疫病英文名称；疫病种类；疫病类型；疫病危害程度；病原名称；病原英文名称；养殖单元名称；养殖单元GPS位置；品种养殖模式；混养种类；养殖模式；养殖投饵种类；苗种种类；苗种来源；温度；盐度；溶氧；pH值；氨氮含量；检测人姓名；检测人联系方式；检测实验室；样品编号；采样时间；样品种类；样品数量；采样时样品状态；样品保存条件；样品保存方式；病原检测种类；病原检测方法；病原检测结果；检测时间；有无发病；起始发病时间；发病时长；发病动物临床症状；发病动物剖检变化；发病率；死亡率

第三节　测定方法和规范

参考的标准规范名称见表8–2。

表8–2　参考的标准规范名称

观测任务	一级指标	参考的标准规范名称
动物重要疫病监测	畜禽病毒病监测	畜禽病毒病监测规范和数据标准
动物流感病原变异监测	畜禽病毒病监测	畜禽病毒病监测规范和数据标准
口蹄疫病原变异监测	畜禽病毒病监测	畜禽病毒病监测规范和数据标准
人兽共患病病原变异监测	畜禽病毒病监测	畜禽病毒病监测规范和数据标准
细菌性病原和耐药性监测	畜禽细菌病监测	畜禽细菌病监测规范和数据标准
重点防范的养殖动物外来病监测	畜禽病毒病监测	畜禽病毒病监测规范和数据标准
动物屠宰和产品风险监测	畜禽屠宰和产品风险监测	畜禽屠宰和产品风险监测规范和数据标准
水产养殖重大及新发疫病流行病学监测	水生动物疫病监测	水生动物疫病监测规范和数据标准

第九章

国家农用微生物数据中心观测指标体系

第一节　中心介绍

总体定位：国家农用微生物数据中心依托于中国农业科学院农业资源与农业区划研究所，旨在通过多点、长周期农用微生物科学观测数据的有效整合，深入分析和高效共享，建立起国家主导、布局合理的农用微生物科学观测体系，发现不同种–养体系的农用微生物功能种群组成变化趋势及规律，揭示不同生态环境微生物资源多样性及驱动因子与作用机制，优化和提高农用微生物资源产业和应用技术水平，推动改良动植物病虫害及退化土壤的微生物防控技术措施，为我国农用微生物产业原始创新及其生物技术产业奠定物质和数据基础，为我国粮食安全和生态安全提供保障。

重点任务：中心针对我国肥效微生物、生防微生物、饲料与养殖动物肠道微生物、环境微生物、能源微生物与可栽培食用菌等领域产业发展需求开展重点任务观测监测工作，以动植物健康效应和农用微生物高效利用为核心，形成符合我国农业发展特色的农用微生物科学观测体系，为满足适应气候变化、绿色生态形势下对动物、植物、土壤健康的新需求，为我国绿色发展提供有力支撑。肥效微生物重点监测根瘤菌、丛枝菌根菌、溶磷解钾菌、自生固氮菌。生防微生物监测包括病害和虫害生防微生物监测，重点监测木霉菌、芽孢杆菌、放线菌、苏云金芽孢杆菌、绿僵菌、白僵菌。动物养殖领域重点开展饲料微生物、养殖动物肠道微生物、养殖环境微生物监测，环境微生物监测包括杀虫剂和除草剂微生物监测，如吡虫啉、毒死蜱、敌敌畏、莠去津、乙草胺、草甘膦等耐受或降解微生物。能源微生物监测沼气工程微生物和自然环境能源微生物监测。可栽培食用菌监测包括产地环境采集监测和种质资源DUS的初步评价，监测与评价的可栽培野生食用菌种类包括平菇、香菇、猴头菇、灵芝、羊肚菌等。

站点布局：中心在农业农村部的统一部署下，通过自主申报、摸底调研、审核确认，初期遴选实验站108家，初步建立了全国的农用微生物科学观测体系，经过试运行期的数据提交情况与实验站自愿原则，最终确定45个实验站点。2019年，内蒙古鄂尔多斯观测实验站、四川双流观测实验站、黑龙江伊春观测实验站、江苏扬州观测实验站、四川成都观测实验站、新疆乌鲁木齐观测实验站等获批第二批国家农业科学观测实验站。

观测标准：中心制定了肥效、生防、饲料和动物健康、能源、环境、食用菌6个农用微生物领域的重要微生物类群监测规范，共性指标合计42项，个性监测指标合计85项，涵盖了我国土壤理化、病虫害、动物饲喂、食用菌种质资源监测与评价等，服务于农用微生物在种–养体系环境中的科学认知，提高农业微生物产业技术水平。

第二节　指标体系

观测任务及指标见表9–1。

表9–1　观测任务及指标

观测任务	一级指标	二级指标	三级指标
肥效微生物资源收集监测与鉴定评价	农田豆科植物共生根瘤菌调查与样品采集评价	微生物性状、特征数量、多样性	调查地编号，采集样品编号，采集调查日期，采集调查人，采集监测地点，经纬度，海拔（m），年降水量（mm），降水集中期，地形，土壤类型，耕作制度，土壤质地，土壤pH，土壤有机质（%），土壤阳离子交换量CEC（mol/kg），土壤全氮（mg/kg），土壤速效磷（mg/kg），土壤速效钾（mg/kg），N使用量（kg/ha），P_2O_5使用量（kg/ha），K_2O使用量（kg/ha），有机肥使用量（kg/ha），种植植物名称/品种名称，植物生长阶段，生物有机肥或菌剂所使用微生物，植株高度（cm），植株根长（cm），地上部干重（g），根瘤着生部位，根瘤形态，根瘤表面颜色，植物结瘤率（%），单株根瘤数（个），单株根瘤平均鲜重（g），单株有效根瘤数（个），单株无效根瘤数（个），监测人，审核人，实验站负责人，完成日期

（续表）

观测任务	一级指标	二级指标	三级指标
肥效微生物资源收集监测与鉴定评价	农田丛枝菌根真菌监测与样品采集评价	微生物性状、特征数量、多样性	调查地编号，采集样品编号，采集调查日期，采集调查人，采集监测地点，经纬度，海拔（m），年降水量（mm），降水集中期，地形，土壤类型，耕作制度（作物、熟制与种植方式等），土壤质地，土壤 pH，土壤有机质（%），土壤阳离子交换量 CEC（mol/kg）），土壤全氮（mg/kg），土壤速效磷（mg/kg），土壤速效钾（mg/kg），N 使用量（kg/ha），P_2O_5 使用量（kg/ha），K_2O 使用量（kg/ha），生物有机肥或菌剂使用微生物（属/种），有机肥种类和使用量（kg/ha），种植植物名称/品种名称，植物生长阶段，植物当季产量（kg/ha），植物株高（cm），可培养溶磷细菌数量（CFU/g），可培养溶磷放线菌数量（CFU/g），可培养溶磷真菌数量（CFU/g），根外菌丝密度（mm/g），土壤孢子数（个/50g 干土），AM 菌根侵染频度（F%），菌根侵染强度（M%），监测人，审核人，实验站负责人，完成日期
	农田溶磷微生物监测与样品采集评价	微生物性状、特征数量、多样性	采集调查地编号，采集样品编号，采集日期，采集调查人，采集监测地点，经纬度，海拔（m），年降水量（mm），降水集中期，地形，土壤类型，耕作制度，土壤质地，土壤 pH，土壤有机质（%），土壤阳离子交换量 CEC（mol/kg），土壤全氮（mg/kg），土壤速效磷（mg/kg），土壤速效钾（mg/kg），N 使用量（kg/ha），P_2O_5 使用量（kg/ha），K_2O 使用量（kg/ha），有机肥种类和使用量（kg/亩），生物有机肥或菌剂使用微生物（种属），种植植物名称/品种名称，植物生长阶段，植物当季产量（kg/ha），可培养微生物数量，溶磷解钾能力分级，真菌数量（CFU/g），放线菌数量（CFU/g），细菌数量（CFU/g），监测人，完成日期，数据审核人，实验站负责人
	农田解钾微生物监测与样品采集评价	微生物性状、特征数量、多样性	采集调查地编号，采集样品编号，采集日期，采集调查人，采集监测地点，经纬度，海拔（m），年降水量（mm），降水集中期，地形，土壤类型，耕作制度，土壤质地，土壤 pH，土壤有机质（%），土壤阳离子交换量 CEC（mol/kg），土壤全氮（mg/kg），土壤速效磷（mg/kg），土壤速效钾（mg/kg），N 使用量（kg/ha），P_2O_5 使用量（kg/ha），K_2O 使用量（kg/ha），有机肥种类和使用量（kg/亩），生物有机肥或菌剂使用微生物（种属），种植植物名称/品种名称，植物生长阶段，植物当季产量（kg/ha），可培养微生物数量，溶磷解钾能力分级，真菌数量（CFU/g），放线菌数量（CFU/g），细菌数量（CFU/g），监测人，完成日期，数据审核人，实验站负责人

（续表）

观测任务	一级指标	二级指标	三级指标
肥效微生物资源收集监测与鉴定评价	农田自生固氮微生物监测与样品采集评价	微生物性状、特征数量、多样性	调查地编号，采集样品编号，采集调查日期，采集调查人，采集监测地点，经纬度，海拔（m），年降水量（mm），降水集中期，地形，耕作制度，土壤类型，土壤质地，土壤 pH，土壤有机质（%），土壤全氮（mg/kg），土壤速效磷（mg/kg），土壤速效钾（mg/kg），N 使用量（kg/ha），P_2O_5 使用量（kg/ha），K_2O 使用量（kg/ha），有机肥使用量（kg/ha），生物有机肥或菌剂使用微生物，种植植物生长阶段，种植植物名称/品种名称，植物当季产量（kg/ha），可培养自生固氮细菌数量（CFU/g），可培养自生固氮藻类数量（CFU/g），可培养自生固氮放线菌数量（CFU/g），可培养细菌数量，可培养真菌数量，可培养放线菌数量，土壤自生固氮菌数量（CFU/g），自生固氮菌微生物的比例（%），监测人，审核人
生防微生物资源收集监测与鉴定评价	植物病害生防微生物土样采集、调查与检测	微生物性状、特征数量、多样性	采集地土样编号，采集样品编号，采集日期，采集调查人，采集监测地点，经纬度，海拔（m），年降水量（mm），降水集中期，地形，土壤类型，耕作制度及作物名称，土壤质地，土壤 pH，土壤有机质（%），土壤阳离子交换量 CEC（mol/kg），土壤全氮（mg/kg），土壤速效磷（mg/kg），土壤速效钾（mg/kg），N 使用量（kg/ha），P_2O_5 使用量（kg/ha），K_2O 使用量（kg/ha），有机肥种类和使用量（kg/亩），植物当季产量（kg/ha），植物名称/品种名称，可培养细菌数量（CFU/g），可培养放线菌数量（CFU/g），植物生长阶段，木霉数量（CFU/g），芽孢杆菌数量（CFU/g），可培养真菌数量（CFU/g），监测人，审核人，实验站负责人，完成日期，菌剂使用微生物（种/属），农药施用情况，病害调查记录
	植物病害生防微生物植物组织样品采集、调查与监测	微生物性状、特征数量、多样性	采集地土样编号，采集样品编号，采集日期，采集调查人，采集监测地点，经纬度，海拔（m），年降水量（mm），降水集中期，地形，土壤类型，耕作制度及作物名称，土壤质地，土壤 pH，土壤有机质（%），土壤阳离子交换量 CEC（mol/kg），土壤全氮（mg/kg），土壤速效磷（mg/kg），土壤速效钾（mg/kg），N 使用量（kg/ha），P_2O_5 使用量（kg/ha），K_2O 使用量（kg/ha），有机肥种类和使用量（kg/亩），植物当季产量（kg/ha），植物名称/品种名称，植物组织类型，可培养细菌数量（CFU/g），可培养放线菌数量（CFU/g），植物生长阶段，木霉数量（CFU/g），芽孢杆菌数量（CFU/g），可培养真菌数量（CFU/g），监测人，审核人，实验站负责人，完成日期，菌剂使用微生物（种/属），农药施用情况，病害调查记录

（续表）

观测任务	一级指标	二级指标	三级指标
生防微生物资源收集监测与鉴定评价	害虫生防微生物土样采集、调查与监测	微生物性状、特征数量、多样性	采集地土样编号，采集样品编号，采集日期，采集调查人，采集监测地点，经纬度，海拔（m），年降水量（mm），降水集中期，地形，土壤类型，耕作制度及作物名称，土壤质地，土壤 pH，土壤有机质（%），土壤阳离子交换量 CEC（mol/kg），土壤全氮（mg/kg），土壤速效磷（mg/kg），土壤速效钾（mg/kg），N 使用量（kg/ha），P_2O_5 使用量（kg/ha），K_2O 使用量（kg/ha），有机肥种类和使用量（kg/亩），种植植物名称/品种名称，植物当季产量（kg/ha），植物生长阶段，生物有机肥或菌剂所使用的微生物种属，农药（特别是杀菌剂）施用情况，可培养细菌数量（CFU/g），可培养放线菌数量（CFU/g），可培养真菌数量（CFU/g），绿僵菌数量（CFU/g），白僵菌数量（CFU/g），BT 数量（CFU/g），监测人，审核人，实验站负责人，完成日期，虫害调查记录，害虫种类，龄期，虫口密度（个/m^2），虫害调查日期
饲料微生物资源收集监测与鉴定评价	饲料微生物监测与采集调查	微生物性状、特征数量、多样性	采集调查地编号，采集样品编号，采集调查日期，采集调查人，采集监测地点，经纬度，海拔（m），动物养殖信息，养殖场类型，养殖动物名称，饲养规模/头、只，动物性别，动物日龄/年龄，饲养开始日期，饲养结束日期，饲养方式，免疫情况，圈舍消毒方式，圈舍温度，清粪方式，圈舍湿度，饲料样品采集监测，采样时间，饲料种类，饲料来源，主要原料，生产工艺，水分含量，粗蛋白，粗脂肪，粗灰分，粗纤维，氨基酸，总钙，总磷，加酶种类，酶活性（U/kg 饲料），乳酸菌数量（CFU/g），酵母菌数量（CFU/g），芽孢杆菌数量（CFU/g），曲霉菌数量（CFU/g），监测人，审核人
	养殖动物微生物监测与采集调查	微生物性状、特征数量、多样性	调查地编号，采集样品编号，采集调查日期，采集调查人，采集监测地点，经纬度，海拔（m），动物养殖信息，养殖场类型，养殖动物名称，饲养规模/头、只，动物性别，饲养天数，饲养开始日期，饲养结束日期，饲养方式，饲喂方式，圈舍消毒方式，动物日龄/年龄，清粪方式，免疫情况，圈舍温度，圈舍湿度，动物样品采集，采样时间，采样时动物状态，样品类型，样品动物数量，样品保存液，样品保存温度，生产性能指标测定，饲养阶段/周期，肉用状态，产蛋性能，产奶性能，平均日增重量，产蛋量（个/只），日产乳量，平均日采食量，乳脂肪，饲料转化效率，料蛋比，乳蛋白质，肠道微生物监测，取样生长阶段，平均体重（kg），肠道菌群分析，乳酸菌数量（CFU/g），酵母菌数量（CFU/g），芽孢杆菌数量（CFU/g），可培养细菌数量（CFU/g），可培养真菌数量（CFU/g），瘤胃细菌多样性，肠道细菌多样性，监测人，审核人
	养殖动物环境微生物监测与采集调查	微生物性状、特征数量、多样性	调查地编号，采集样品编号，采集调查日期，采集调查人，采集监测地点，经纬度，海拔（m），动物养殖信息，养殖场类型，养殖动物名称，动物日龄/年龄，动物性别，饲养规模/头、只，饲养开始日期，饲养结束日期，饲养天数，饲喂方式，饲养方式，圈舍消毒方式，清粪方式，免疫情况，圈舍温度，圈舍湿度，环境样品采集，采样时间，采样时动物状态，样品类型，样品动物数量，样品保存液，样品保存温度，养殖环境微生物监测，可培养乳酸菌数量（CFU/g），可培养放线菌数量（CFU/g），可培养酵母菌数量（CFU/g），可培养细菌数量（CFU/g），可培养芽孢杆菌数量（CFU/g），可培养丝状真菌数量（CFU/g），大肠杆菌数量（CFU/g）），监测人，审核人

（续表）

观测任务	一级指标	二级指标	三级指标
能源微生物资源收集监测与鉴定评价	沼气工程能源微生物样品采集及监测	微生物性状、特征数量、多样性	采集调查地编号，采集样品编号，采集调查日期，采集调查人，记录人，采集监测地点，经纬度，沼气工程名称，工程投入使用日期，海拔（m），发酵工艺，发酵罐类型，发酵容积（m^3），贮气柜（m^3），发酵温度（℃），增温措施，增温热源，发酵时间（d），运行参数，发酵原料种类，发酵原料来源，发酵预处理方式，日进料量（tFM/d），有机负荷率［kgVS/（m^3·d）］，水力停留时间（d），持续运营时间（d），检修日期，样本理化特性，发酵时间（d），出料 pH，CH_4 含量（%），CO_2 含量，原料 TS（%），出料 TS（%），原料 VS（%），出料 VS（%），数量，CODcr（mg/L），NH_4^+ - N（mg/L），乙酸（mg/L），丙酸（mg/L），正丁酸（mg/L），正戊酸（mg/L），异戊酸（mg/L），沼气日均产量（m^3），监测人，审核人，原料产气率，物料 TC（mg/g），物料 TOC（mg/g），物料 TN（mg/g），细菌多样性监测报告，古菌数量（copies/g 样本），数据审核人，古菌多样性监测报告，细菌数量（copies/g 样本），产甲烷菌数量（copies/g 样本）
	水稻田能源微生物监测	微生物性状、特征数量、多样性	调查地编号，采集样品编号，采集调查日期，采集调查人，海拔（m），采集监测地点，经纬度，种植水稻品种，水稻生长阶段，土壤类型，土壤质地，土壤总碳 TC（%），土壤总有机碳 TOC（%），土壤总氮 TN（%），土壤 pH，水稻田微生物多样性，水稻田能源细菌多样性，水稻田能源古菌多样性，水稻田能源微生物数量，细菌数量（copies/g 土壤），古菌数量（copies/g 土壤），产甲烷菌数量（copies/g 土壤），监测人，审核人
	动物肠道能源微生物监测	微生物性状、特征数量、多样性	调查地编号，采集样品编号，采集调查日期，采集调查人，海拔（m），采集监测地点，经纬度，养殖动物种类或品种，动物生长阶段，粪便 TC（%），粪便 TOC（%），粪便 TN（%），粪便木质素含量（%），粪便纤维素含量（%），动物粪便半纤维素含量（%），粪便总蛋白（mg/g），粪便氨氮（mg/g），粪便硝态氮（mg/g），动物肠道能源微生物多样性，细菌多样性，古菌多样性，动物肠道能源微生物数量，细菌数量（copies/g 粪便），古菌数量（copies/g 粪便），产甲烷菌数量（copies/g 粪便），纤维素降解菌的数量（copies/g 粪便），监测人，审核人
环境微生物资源收集监测与鉴定评价	环境微生物资源采集与调查	微生物性状、特征数量、多样性	采集调查地编号，采集样品编号，采集日期，采集调查人，采集监测地点，经纬度，海拔（m），年降水量（mm），降水集中期，地形，土壤类型，耕作制度及作物名称，土壤质地，土壤 pH，土壤有机质（%），土壤阳离子交换量 CEC（mol/kg），土壤全氮（mg/kg），土壤速效磷（mg/kg），土壤速效钾（mg/kg），N 使用量（kg/ha），P_2O_5 使用量（kg/ha），K_2O 使用量（kg/ha），有机肥种类和使用量（kg/亩），菌剂使用微生物（属/种），种植植物名称/品种名称，植物生长阶段，监测人，数据审核人，植物当季产量（kg/ha），耐受除草剂土壤微生物含量（CFU/g 干土），抗生素抗性土壤微生物含量（CFU/g 干土），芳香烃降解土壤微生物含量（CFU/g 干土），杀虫剂抗性土壤微生物含量（CFU/g），真菌，细菌，放线菌

（续表）

观测任务	一级指标	二级指标	三级指标
可栽培食用菌资源监测收集与评价	可栽培野生食用菌菌株调查监测	微生物性状、特征数量、多样性	采集调查地编号，采集样品编号，调查日期，采集调查人，采集监测地点，经纬度，海拔（m），地形，植被类型，月平均温度（℃），1—3月降水量（mm），4—6月降水量（mm），7—9月降水量（mm），总生物量统计，完成人，审核人，监测人，完成时间，接近树种或基物，生境，子实体着生状态，菌盖直径（mm），菌盖颜色，菌盖黏度，菌盖边缘内卷，菌盖形状，菌盖表面，菌盖伤变色，菌盖边缘菌幕，菌盖菌幕形状，菌肉颜色，菌肉伤变色，菌肉厚度（mm），菌肉质地，菌肉气味，菌肉是否有汁液，菌褶密度，菌褶颜色，菌褶宽度（mm），菌褶数量（个），菌褶性状，褶缘颜色，褶缘形状，菌管管口直径（mm），管口颜色，管里颜色，菌管形状，菌管位置，菌柄颜色，菌柄伤变色，菌柄长（mm），菌柄质地，菌柄位置，菌柄基部，菌柄表面，菌柄形状，菌柄基部菌丝，菌丝颜色，菌柄内部，菌环颜色，菌环位置，菌环质地，菌环性状，菌托颜色，菌托形状，孢子印颜色，孢子形状，孢子大小（μm），孢子颜色，孢子遇碘呈褐色，孢子 Q（长/宽），担子/子囊形状，担子/子囊大小（μm），担子/子囊颜色，担子/子囊遇碘呈褐色，囊状体形状，囊状体大小（μm），囊状体颜色，囊状体遇碘呈褐色，菌盖皮层形状，菌盖皮层泡状大小（μm），菌盖皮层颜色，菌盖皮层遇碘呈褐色
	可栽培野生食用菌菌株评价	微生物性状、特征数量、多样性	采集调查地编号，采集样品编号，调查日期，采集调查人，菌种名称（中文名称），菌种名称（拉丁文名称），菌株分离来源标本号，最适生长温度（℃），菌丝浓密程度，气生菌丝发达程度，原种菌丝长满试管时间（d），菌丝生长速度（mm/d），子实体原基发生的时间（d），子实体采收时间（d），子实体菌盖直径（mm），子实体菌盖颜色，子实体菌盖厚度（mm），子实体菌盖硬度，子实体边缘形态，子实体菌柄长度（mm），子实体菌柄直径（mm），子实体菌柄硬度，子实体菌盖直径与菌柄长度的比值，子实体丛生有效茎数，生物学效率（%），完成日期，监测人，审核人

第三节 测定方法和规范

参考的标准规范名称见表 9-2。

表 9-2 参考的标准规范名称

观测任务	一级指标	参考的标准规范名称
肥效微生物资源收集监测与鉴定评价	农田豆科植物共生根瘤菌调查与样品采集评价	农业微生物收集评价与监测标准规范
	农田丛枝菌根真菌监测与样品采集评价	农业微生物收集评价与监测标准规范
	农田溶磷微生物监测与样品采集评价	农业微生物收集评价与监测标准规范

（续表）

观测任务	一级指标	参考的标准规范名称
肥效微生物资源收集监测与鉴定评价	农田解钾微生物监测与样品采集评价	农业微生物收集评价与监测标准规范
	农田自生固氮微生物监测与样品采集评价	农业微生物收集评价与监测标准规范
生防微生物资源收集监测与鉴定评价	植物病害生防微生物土样采集、调查与检测	农业微生物收集评价与监测标准规范
	植物病害生防微生物植物组织样品采集、调查与监测	农业微生物收集评价与监测标准规范
	害虫生防微生物土样采集、调查与监测	农业微生物收集评价与监测标准规范
饲料微生物资源收集监测与鉴定评价	饲料微生物监测与采集调查	农业微生物收集评价与监测标准规范
	养殖动物微生物监测与采集调查	农业微生物收集评价与监测标准规范
	养殖动物环境微生物监测与采集调查	农业微生物收集评价与监测标准规范
能源微生物资源收集监测与鉴定评价	沼气工程能源微生物样品采集及监测	农业微生物收集评价与监测标准规范
	水稻田能源微生物监测	农业微生物收集评价与监测标准规范
	动物肠道能源微生物监测	农业微生物收集评价与监测标准规范
环境微生物资源收集监测与鉴定评价	环境微生物资源采集与调查	农业微生物收集评价与监测标准规范
可栽培食用菌资源监测收集与评价	可栽培野生食用菌菌株调查监测	农业微生物收集评价与监测标准规范
	可栽培野生食用菌菌株评价	农业微生物收集评价与监测标准规范

第十章

国家天敌等昆虫资源数据中心观测指标体系

第一节　中心介绍

国家天敌等昆虫资源数据中心（以下简称天敌中心）依托于中国农业科学院植物保护研究所。天敌中心的主要监测内容是主要农作物及特殊生境中的天敌昆虫（含蜘蛛和螨类）资源，同时把蛋白质来源昆虫监测作为第二大昆虫资源类型，列入监测调查对象。天敌中心旨在对我国主要昆虫资源建立标准化监测调查方法和长期大范围定位监测，厘清我国主要昆虫资源的发生与分布、筛选出优质资源储备，为我国绿色农业、生态安全、粮食安全提供战略性资源保障。

天敌中心下属现有 90 多个监测实验点，覆盖我国除港澳台外所有省区市。天敌中心结合传统田间调查与马来氏网采样、照片采集等标准化程度高、采集效率高的客观性方法，建立了高效可行的标准化采样方法及配套的分析方法。从 2018 年起，天敌中心指导下属实验站以每两周一次调查频率开展监测工作。总体上，这项工作调查面广、时间长、频次高，监测对象典型性强、代表性高。数据积累快，且不同实验站采集的数据同期性强、可比性高。5 年来，天敌中心已经收集了大量信息和标本，初步建成了全国性的天敌等昆虫资源数据库与标本库。截至 2021 年底，已经获得昆虫资源物种信息 2 万余条、图片信息 3 万余条。此外，共回收马来氏网昆虫样品 5 000 余瓶，每瓶中有昆虫数百种、上千头。仅对其中 300 多瓶标本开展初步分析，已经获得物种基因信息 2 万余条。随着监测的继续和分析的深入，可以预见数据量还将持续、加速增长。“国家天敌等昆虫资源数据库助力绿色农业资源挖掘”于 2022 年入选《中国农业科学院科研信息化发展报告》

中农业科学数据库建设与服务典型案例。

以上数据一方面支持深入分析优势资源及其发生规律，另一方面蕴含了大量新线索、新资源。天敌中心已经与国内多个天敌领域的分类学专家建立合作关系，深入挖掘新资源。2022年，仅对少数地区的瓢虫、蜘蛛等样品开展分析，已经发现未描述种（新种）4种、中国新记录种10余种、省级新记录种数十种。进一步，预计近期数据与成果会有井喷式上升。

总体上，天敌中心数据的收集和应用相互促进，形成良性循环。2022年，数据中心进一步开设微信公众号“天敌小世界”，通过该平台介绍监测实验点基本情况、监测工作中取得的学术成果，并开展面向公众的绿色农业相关科普。旨在进一步提升影响力，使天敌中心真正起到凝聚生防精英力量、提供强大数据支撑、服务农业安全生产的作用。

第二节　指标体系

观测任务及指标见表10-1。

表10-1　观测任务及指标

观测任务	一级指标	二级指标	三级指标
天敌资源调查	采样地点	基本信息	时间、采样人姓名、联系方式
		监测点信息	编号、生境类型
		作物信息	主栽作物类型、品种
		采集地信息	经度、纬度、海拔、环境照片
	采样方法	采集部位	植株上、植株周围、土表、土壤、其他
		抽样采样方法	抽样方法、采样方法、采样量
	物种信息	分类信息	纲、科、属、种、俗名、生态照片
		数量信息	采集到的虫态、各虫态数量
	标本保存情况	标本信息	类型、编号、标本照片
		保存单位信息	单位、负责人、联系方式

（续表）

观测任务	一级指标	二级指标	三级指标
天敌种群动态监测	采样地点	基本信息	时间、采样人姓名、联系方式
		监测点信息	编号、生境类型
		作物信息	主栽作物类型、品种
		采集地信息	经度、纬度、海拔、环境照片
	采样方法	标准化方法	抽样方法、采样方法、采样量
	物种信息	分类信息	纲、科、属、种、俗名、生态照片
		数量信息	采集到的虫态、各虫态数量
		物种性状	体长、质量
	标本保存情况	标本信息	类型、编号、标本照片
		保存单位信息	单位、负责人、联系方式
	农事管理信息	基本信息	时间、操作人姓名、联系方式
		管理内容	管理内容、采用方法
		使用产品及用量	使用产品、用量
蛋白质来源昆虫资源调查	采样地点	基本信息	时间、采样人姓名、联系方式
		监测点信息	编号、生境类型
		植被信息	植被类型、物种、品种
		采集地信息	经度、纬度、海拔、环境照片
	采样方法	采集部位	植株上、植株周围、土表、土壤、其他
		抽样采样方法	抽样方法、采样方法、采样量
	物种信息	分类信息	纲、科、属、种、俗名、生态照片
		数量信息	采集到的虫态、各虫态数量
		物种性状	体长、质量、粗蛋白含量
	标本保存情况	标本信息	类型、编号、标本照片
		保存单位信息	单位、负责人、联系方式

（续表）

观测任务	一级指标	二级指标	三级指标
蛋白质来源昆虫种群动态监测	采样地点	基本信息	时间、采样人姓名、联系方式
		监测点信息	编号、生境类型
		植被信息	植被类型、物种、品种
		采集地信息	经度、纬度、海拔、环境照片
	采样方法	标准化方法	抽样方法、采样方法、采样量
	物种信息	分类信息	纲、科、属、种、俗名、生态照片
		数量信息	采集到的虫态、各虫态数量
		物种性状	体长、质量、粗蛋白含量
	标本保存情况	标本信息	类型、编号、标本照片
		保存单位信息	单位、负责人、联系方式
	采集地人为操作信息	基本信息	时间、操作人姓名、联系方式
		操作内容	操作内容、采用方法
		使用产品及用量	使用产品、用量
马来氏网昆虫收集	采样地点	基本信息	开始时间、结束时间、采样人姓名、联系方式
		监测点信息	编号、生境类型
		周边作物信息	作物物种、品种
		采集地信息	经度、纬度、海拔、环境照片
	标本瓶保存情况	标本瓶信息	编号、标本瓶照片
		保存单位信息	单位、负责人、联系方式
	样品总体信息	总量信息	总体积、总质量
		DNA 条形码信息	COI 基因序列、比对结果
	物种分拣信息	分类信息	纲、科、属、种、俗名、标本照片
		数量信息	采集到的虫态、各虫态数量

第十一章

国家农产品质量安全数据中心观测指标体系

第一节　中心介绍

总体定位：国家农产品质量安全数据中心依托于中国农业科学院农业质量标准与检测技术研究所，是一个专注农产品品质挖掘与质量提升的专业性数据中心。中心依托农产品质量安全基础性长期性观测监测体系，借助先进检验检测技术与装备，长期致力于农产品品质资源科学调查数据的收集、整理与挖掘利用，为农产品质量安全领域的政府决策、行业应用、健康消费提供科学数据支撑。

重点任务：中心针对我国粮食、油料、蔬菜、果品、畜禽、奶产品、水产品、热作产品、特色产品中特色品种的特征品质开展长期定点观测监测工作，建立品质特征鉴别数据库，构建农产品品质数据智能化共享服务平台；着力推动农产品营养品质评价、分等分级与标准体系的构建；深入挖掘农产品特色品质和特征成分，开展特色优质农产品产地溯源和鉴别分析；分析新型种养技术、投入品使用等对农产品品质的影响，开展重点农产品与特色农产品关键环节标准研制；构建集品种培优、品质提升、品牌打造和标准化生产的新“三品一标”全程质量控制生产体系，推进农产品品品质与质量提升。

站点布局：为提高优质品质质检资源的利用率，确保品质调查数据的高质量，中心在农业农村部的统一部署下，按照“分散定点抽样、集中检测”的原则，现共设有国家农产品质量安全科学实验点16家，下设固定监测点133个，覆盖了水稻、小麦、花生、油菜、油茶、番茄、黄瓜、苹果、柑橘、葡萄、猪肉、鸡肉、生鲜牛乳、草鱼、对虾、大黄鱼、绿茶、香蕉18

个产品的特色品种与重点产区。中国农业科学院作物科学研究所、中国水稻研究所、油料作物研究所、蔬菜花卉研究所、北京畜牧兽医研究所、茶叶研究所、果树研究所、柑桔研究所、家禽研究所，中国热带农业科学院分析测试中心，中国水产科学研究院及其长江水产研究所、东海水产研究所，北京农业质量标准与检测技术研究中心，浙江省农业科学院农产品质量安全与营养研究所，湖南省农产品加工研究所等站点挂靠机构为本项工作提供了先进检验检测技术与装备支持。

观测标准：农产品质量安全描述规范与数据标准由本领域学术委员会权威专家研讨制定，每类产品的描述规范和数据标准中包括了依据的原则和方法，专业性词汇表述标准，术语描述性规范，观测监测数据标准、观测监测数据质量控制规范等内容；描述规范和数据标准详细规定了农产品的种植基本信息、品质特性、安全特性、环境特性等数据采集范围，覆盖了采样、保存、检验检测、数据汇交等全环节流程，为长期观测监测工作的顺利开展，及观测监测数据的科学性与高质量提供了重要保障。

第二节　指标体系

观测任务及指标见表 11-1。

表 11-1　观测任务及指标

观测任务	一级指标	二级指标	三级指标
10-53 粮食质量与安全科学数据监测	水稻品质指标监测	观测指标、检测指标	监测产品、品种名称、样品照片、监测地区、经度、纬度、采样量、采样时间、生长期、成熟度、采样人；氨基酸、糖类、维生素、脂肪酸、总蛋白质、淀粉、脂肪、水分；检测方法（必须唯一，可更新）、仪器名称及型号、检测单位、检测时间、检测人
	小麦品质指标监测	观测指标、检测指标	监测产品、品种名称、样品照片、监测地区、经度、纬度、采样量、采样时间、生长期、成熟度、采样人；天冬氨酸、苏氨酸、丝氨酸、谷氨酸、甘氨酸、丙氨酸、缬氨酸、蛋氨酸、异亮氨酸、亮氨酸、酪氨酸、苯丙氨酸、赖氨酸、组氨酸、精氨酸、脯氨酸；维生素 B_1（硫胺素）、维生素 B_2（核黄素）；粗蛋白、湿面筋、面筋指数、粉质特性、粗淀粉、直链淀粉；检测方法（必须唯一，可更新）、仪器名称及型号、检测单位、检测时间、检测人

（续表）

观测任务	一级指标	二级指标	三级指标
10-54 油料质量与安全科学数据监测	花生品质指标监测	观测指标、检测指标	监测产品、品种名称、样品照片、监测地区、经度、纬度、采样量、采样时间、生长期、成熟度、采样人；脂肪酸、含油量、总蛋白质、总糖、硫代葡萄糖苷总量；检测方法（必须唯一，可更新）、仪器名称及型号、检测单位、检测时间、检测人
	油菜品质指标监测	观测指标、检测指标	监测产品、品种名称、样品照片、监测地区、经度、纬度、采样量、采样时间、生长期、成熟度、采样人；脂肪酸、硫代葡萄糖苷、含油量、总蛋白质、硫代葡萄糖苷总量；检测方法（必须唯一，可更新）、仪器名称及型号、检测单位、检测时间、检测人
	油茶品质指标监测	观测指标、检测指标	监测产品、品种名称、样品照片、监测地区、经度、纬度、采样量、采样时间、生长期、成熟度、采样人；脂肪酸、硫代葡萄糖苷、总蛋白、含油量、硫代葡萄糖苷总量、茶多酚；检测方法（必须唯一，可更新）、仪器名称及型号、检测单位、检测时间、检测人
10-55 蔬菜质量与安全科学数据监测	番茄品质指标监测	观测指标、检测指标	监测产品、品种名称、样品照片、监测地区、经度、纬度、采样量、采样时间、生长期、成熟度、采样人；黄酮、酚酸、可溶性氨基酸；总糖、总酸、可溶性固形物、番茄红素、维生素 C；检测方法（必须唯一，可更新）、仪器名称及型号、检测单位、检测时间、检测人
	黄瓜品质指标监测	观测指标、检测指标	监测产品、品种名称、样品照片、监测地区、经度、纬度、采样量、采样时间、生长期、成熟度、采样人；可溶性氨基酸、有机酸、多元素、多酚、5 种重金属；pH、可溶性固形物、总糖、维生素 C；检测方法（必须唯一，可更新）、仪器名称及型号、检测单位、检测时间、检测人
10-56 果品质量与安全科学数据监测	苹果品质指标监测	观测指标、检测指标	监测产品、品种名称、样品照片、监测地区、经度、纬度、采样量、采样时间、生长期、成熟度、采样人；糖类、维生素、纤维素、总糖、总酸、可溶性固形物；检测方法（必须唯一，可更新）、仪器名称及型号、检测单位、检测时间、检测人
	柑橘品质指标监测	观测指标、检测指标	监测产品、品种名称、样品照片、监测地区、经度、纬度、采样量、采样时间、生长期、成熟度、采样人；芥子酸、甜橙黄酮、川皮苷、蜜橘黄酮、花青素（飞燕草色素、矢车菊色素、矮牵牛色素、天竺葵色素、芍药素、锦葵色素）；钾、铁、锌、硒、铅、镉；维生素 C、可滴定酸、可溶性固形物、总糖；检测方法（必须唯一，可更新）、仪器名称及型号、检测单位、检测时间、检测人
	葡萄品质指标监测	观测指标、检测指标	监测产品、品种名称、样品照片、监测地区、经度、纬度、采样量、采样时间、生长期、成熟度、采样人；香气成分、糖类、有机酸、总糖、总酸、可溶性固形物、维生素 C、总多酚；检测方法（必须唯一，可更新）、仪器名称及型号、检测单位、检测时间、检测人

（续表）

观测任务	一级指标	二级指标	三级指标
10-57 畜禽质量与安全科学数据监测	猪肉品质指标监测	观测指标、检测指标	监测产品、品种名称、样品照片、监测地区、经度、纬度、采样量、采样时间、生长期、成熟度、采样人；氨基酸、维生素、脂肪酸；总蛋白、总脂肪、总水分；检测方法（必须唯一，可更新）、仪器名称及型号、检测单位、检测时间、检测人
	鸡肉品质指标监测	观测指标、检测指标	监测产品、品种名称、样品照片、监测地区、经度、纬度、采样量、采样时间、生长期、成熟度、采样人；氨基酸、脂肪酸、总蛋白、总脂肪、吸水力、肌苷酸、肉色、pH、剪切力；检测方法（必须唯一，可更新）、仪器名称及型号、检测单位、检测时间、检测人
10-58 奶产品质量与安全科学数据监测	生鲜牛乳品质指标监测	观测指标、检测指标	监测产品、品种名称、样品照片、监测地区、经度、纬度、采样量、采样时间、生长期、成熟度、采样人；脂肪酸、氨基酸、蛋白质、脂肪、非脂乳固体；检测方法（必须唯一，可更新）、仪器名称及型号、检测单位、检测时间、检测人
10-59 水产品质量与安全科学数据监测	草鱼品质指标监测	观测指标、检测指标	监测产品、品种名称、样品照片、监测地区、经度、纬度、采样量、采样时间、生长期、成熟度、采样人；脂肪酸、氨基酸、维生素、总脂肪、总蛋白质、胶原蛋白；检测方法（必须唯一，可更新）、仪器名称及型号、检测单位、检测时间、检测人
	对虾品质指标监测	观测指标、检测指标	监测产品、品种名称、样品照片、监测地区、经度、纬度、采样量、采样时间、生长期、成熟度、采样人；氨基酸（16种）、脂肪酸、维生素 A、维生素 D；总蛋白、总脂肪、水分；检测方法（必须唯一，可更新）、仪器名称及型号、检测单位、检测时间、检测人
	大黄鱼品质指标监测	观测指标、检测指标	监测产品、品种名称、样品照片、监测地区、经度、纬度、采样量、采样时间、生长期、成熟度、采样人；氨基酸（16种）、游离氨基酸、脂肪酸、维生素；总蛋白、总脂肪、水分；检测方法（必须唯一，可更新）、仪器名称及型号、检测单位、检测时间、检测人
10-60 特色产品质量与安全科学数据监测	绿茶品质指标监测	观测指标、检测指标	监测产品、品种名称、样品照片、监测地区、经度、纬度、采样量、采样时间、生长期、成熟度、采样人；氨基酸、糖类、维生素、有机酸、微量元素、多酚类、咖啡碱、茶多酚、儿茶素组成、游离氨基酸总量、水浸出物、水分；检测方法（必须唯一，可更新）、仪器名称及型号、检测单位、检测时间、检测人
10-61 热作产品质量与安全科学数据监测	香蕉品质指标监测	观测指标、检测指标	监测产品、品种名称、样品照片、监测地区、经度、纬度、采样量、采样时间、生长期、成熟度、采样人；糖类、维生素、微量元素、可溶性糖、总酸、可溶性固形物；检测方法（必须唯一，可更新）、仪器名称及型号、检测单位、检测时间、检测人

第三节　测定方法和规范

参考的标准规范名称及编号见表 11-2。

表 11-2　参考的标准规范名称及编号

观测任务	一级指标	参考的标准规范编号	参考的标准规范名称
10-53 粮食质量与安全科学数据监测	水稻品质指标监测	GB 5009. 124—2016、GB 5009. 8—2016、SN/T 4258—2015、GB 5009. 82—2016、GB 5008. 168—2016、GB 5009. 5—2016、NY/T 11—1985	《农产品质量安全描述规范和数据标准-粮食类》
	小麦品质指标监测	GB 5009. 124—2016、GB/T 24899—2010、GB/T 5506. 2—2008、LS/T 6102—1995、GB/T 14614—2019、NY/T 11—1985、NY/T 55—1987	《农产品质量安全描述规范和数据标准-粮食类》
10-54 油料质量与安全科学数据监测	花生品质指标监测	GB 5009. 168—2016 第三法、NY/T 1582—2007、GB 5009. 5—2016 第三法、GB 5009. 8—2016	《农产品质量安全描述规范和数据标准-油料类》
	油菜品质指标监测	GB 5009. 168—2016 第三法、NY/T 1582—2007、GB 5009. 5—2016 第三法	《农产品质量安全描述规范和数据标准-油料类》
	油茶品质指标监测	GB 5009. 168—2016、NY/T 3296—2018、GB 5009. 5—2016、GB/T 14488. 1—2008、GB/T 23890—2009、SN/T 3848—2014	《农产品质量安全描述规范和数据标准-油料类》
10-55 蔬菜质量与安全科学数据监测	番茄品质指标监测	NY/T 2795—2015、NY/T 3290—2018、NY/T 1278—2007、GB/T 12293—1990、NY/T 2637—2014、NY/T 1651—2008、GB/T 6195—1986	《农产品质量安全描述规范和数据标准-蔬菜类》
	黄瓜品质指标监测	GB 5009. 268—2016、GB 10468—1989、GB 5009. 86—2016	《农产品质量安全描述规范和数据标准-蔬菜类》
10-56 果品质量与安全科学数据监测	苹果品质指标监测	NY/T 3902—2021、GB 5009. 82—2016、GB 5009. 84—2016、GB 5009. 85—2016、GB 5009. 86—2016、GB 5009. 88—2014、NY/T 2742—2015、GB/T 12456—2021、NY/T 2637—2014	《农产品质量安全描述规范和数据标准-果品类》
	柑橘品质指标监测	GB 5009. 8—2016、NY/T 3902—2021、NY/T 2014—2011、NY/T 2012—2011、NY/T 2336—2013、NY/T 2640—2014、GB 5009. 91—2017、GB 5009. 90—2016、GB 5009. 14—2016、GB 5009. 93—2017、GB 5009. 12—2010、GB 5009. 15—2014、GB 5009. 86—2016、GB/T 8210—2011、GB 12456—2021、NY/T 2637—2014、GB 5009. 7—2016	《农产品质量安全描述规范和数据标准-果品类》

（续表）

观测任务	一级指标	参考的标准规范编号	参考的标准规范名称
10-56 果品质量与安全科学数据监测	葡萄品质指标监测	NY/T 3902—2021、NY/T 2277—2012、GB 5009. 8—2016、GB 12456—2021、NY/T 2637—2014、GB 5009. 86—2016	《农产品质量安全描述规范和数据标准-果品类》
10-57 畜禽质量与安全科学数据监测	猪肉品质指标监测	GB 5009. 124—2016、GB 5009. 168—2016、GB 5009. 82—2016、GB 5009. 84—2016、GB 5009. 85—2016、GB 5009. 154—2016、GB 14754—2010、GB/T 9695. 29—2008、GB 5009. 5—2016、GB 5009. 6—2016、GB 5009. 3—2016	《农产品质量安全描述规范和数据标准-畜禽类》
	鸡肉品质指标监测	GB 5009. 168—2016、GB 5009. 5—2016、GB 5009. 6—2016、NY/T 2793—2015、GB/T 19676—2005	《农产品质量安全描述规范和数据标准-畜禽类》
10-58 奶产品质量与安全科学数据监测	生鲜牛乳品质指标监测	GB 5009. 124—2016、GB 5009. 168—2016、NY/T 2659—2014	《农产品质量安全描述规范和数据标准-奶产品类》
10-59 水产品质量与安全科学数据监测	草鱼品质指标监测	GB 5009. 124—2016、GB 5009. 168—2016、GB 5009. 82—2016，GB 5009. 85—2016、GB 5009. 5—2016、GB 5009. 6—2016、GB/T 9695. 23—2008	《农产品质量安全描述规范和数据标准-水产品类》
	对虾品质指标监测	GB 5009. 124—2016、GB 5009. 168—2016、GB 5009. 82—2016、GB 5009. 5—2016、GB 5009. 6—2016、GB 5009. 3—2016	《农产品质量安全描述规范和数据标准-水产品类》
	大黄鱼品质指标监测	GB 5009. 124—2016、GB 5009. 168—2016、GB 5009. 82—2016、GB 5009. 5—2016、GB 5009. 6—2016、GB 5009. 3—2016	《农产品质量安全描述规范和数据标准-水产品类》
10-60 特色产品质量与安全科学数据监测	绿茶品质指标监测	GB 5009. 268—2016、GB/T 8312—2013、GB/T 8313—2018、GB/T 8314—2013、GB/T 8305—2013、GB 5009. 3—2016	《农产品质量安全描述规范和数据标准-特色产品类》
10-61 热作产品质量与安全科学数据监测	香蕉品质指标监测	GB 5009. 8、SN/T 4783、GB 5009. 245、GB 5009. 88、GB 5009. 82、GB 5009. 84、GB 5009. 85、GB 5009. 154、GB 5009. 86、GB 5009. 158、BJS 201716、GB 5009. 268、GB 5009. 267、NY/T 2742、GB 12456、NY/T 2637	《农产品质量安全描述规范和数据标准-热作产品类》

第十二章

国家渔业科学数据中心观测指标体系

第一节　中心介绍

国家渔业科学数据中心是国家农业科学观测工作在渔业领域的重要一环，承担着渔业科学数据的规范制定、汇总审核与分析应用的重要任务，是渔业科学数据管理、分析和共享工作的基础支撑保障。

根据《农业农村部关于印发〈国家农业科学观测工作管理办法（试行）〉的通知》（农科教发〔2019〕2号），国家渔业科学数据中心依托中国水产科学研究院渔业工程研究所（以下简称渔工所）建设。该中心既是渔业科学观测数据资源汇聚的平台，也是中国水产科学研究院渔业大数据中心建设的重要依托。

2018年起，在国家农业科技创新联盟办公室和中国水产科学研究院的统筹组织下，国家渔业科学数据中心制定了一系列渔业科学数据采集、汇交、共享规范，按照生态环境、生物资源、生产要素三大类，建设了“渔业基础性、长期性数据汇交与共享平台”，重点围绕中国土著鱼种生物多样性评价、内陆流域濒危水生动物种群评价、水产外来种调查分中心与生态安全评估监测、近海养殖结构与环境容量评估监测、典型流域水产养殖结构和养殖方式变化监测、渔业水域环境污染与生态效应监测、远洋渔场及关键渔业资源调查评估监测及水产养殖生物种质资源鉴定、评价与种质核心群监测8个重点任务进行了科学数据收集、整理，并在此基础上，利用数据挖掘、大数据分析等理论与方法，逐步开展渔业大数据资源建设与精准化服务应用研究。

国家渔业科学观测数据中心现有固定人员15人，团队结构稳定，专业涉及渔业工程、物理海洋、计算机技术、通信工程、电子技术、数学与管理学等多学科的交叉融合。研究方向涵盖智能渔业设施与装备研发、多源异构数据融合、海量数据挖掘算法研究、渔港地理信息系统研发及各类软硬件开发，为国家渔业科学观测数据中心的建设奠定了从基础研究、应用研究到产业开发、技术推广的多层次、多领域的人员团队基础。为了保障渔业科学观测工作的规范性、专业性，中心组织渔业资源与环境等多学科领域的先锋科研力量，成立了以唐启升院士为首席的国家渔业科学观测数据中心学术委员会，为中心的各项科学观测活动开展提供基础支持。

截至2022年底，中心已累计汇总渔业资源、环境、生产要素等各类数据近30GB，是开展渔业基础科学研究和管理决策的重要战略资源池，是解决前沿科学问题的重要依托，为促进渔业绿色高质量发展、解决重大渔业产业问题提供有效途径。

第二节　指标体系

观测任务及指标见表12-1。

表12-1　观测任务及指标

观测任务	一级指标	二级指标	三级指标
重要水域渔业资源调查评估	物种描述数据	物种信息数据	物种信息数据
		凭证标本信息数据	凭证标本信息数据
	个体及种群数据	个体生物学数据	种名、分类地位、全长、体长、体重、性别、形态特征、年龄（O）等
		种群生物学数据	种群大小、生长速率、性成熟年龄、性比、空间特征、年龄结构（O）等
		群落生态学数据	物种组成、物种总数、物种密度、特有种比例、优势种、群落结构
	遗传数据	染色体水平的遗传多样性	染色体数目、染色体核型和染色体带型
		DNA水平的遗传多样性	分子标记SSR、SNP、mtDNA等。群体内遗传多样性（等位基因频率、群体杂合度、多态信息含量、有效等位基因数），群体间遗传分化（基因分化系数、基因流、遗传相似系数、遗传距离）
	非生物栖息环境数据	生境类型	海洋、河流、湖泊、湿地、沿海滩涂、珊瑚礁、人工鱼礁、海草床、海藻场、红树林
		位置和规模	GPS位点、面积、生境描述
		理化环境数据	水温、溶解氧、pH、盐度、总氮、总磷、电导率、透明度、水位（深度）、流速、底质

（续表）

观测任务	一级指标	二级指标	三级指标
重要水域渔业资源调查评估	生物环境数据	饵料生物	浮游植物、浮游动物、附着生物和底栖动物的种类和生物量、叶绿素 a、潮间带生物（O）
	食物组成数据	肠容物种类	肠容物种类
		肠容物结构	肠容物结构
	共生微生物组成（选择指标）	体表微生物种类	体表微生物种类（O）
		肠道微生物种类	肠道微生物种类（O）
		水体微生物种类	水体微生物种类（O）
重要水域渔业生态环境监测	水文气象	水文气象	风速、风向、气温、天气状况（定性，晴/阴/雨） O：流速、流量、水位
	水质环境	水质环境	水温、盐度、透明度、悬浮物、pH、溶解氧、化学需氧量、总氮、总磷、无机氮、活性磷酸盐 O：汞、镉、铅、铬、铜、锌、砷、挥发性酚、石油类
	底质环境	底质环境	类型、汞、镉、铅、锌、铜、铬、砷、石油类 O：粒度
	生态指标	生态指标	叶绿素 a、浮游动物、浮游植物、底栖生物
	遥感环境	遥感环境	水温、盐度、叶绿素 a、初级生产力、水体透明度、海表荧光高度、透光层深度、溶解有机质指数、黄色物质和悬浮物等
主要渔业种质资源鉴定、评价	基本信息要素	基本信息要素	种质库编号、物种名称、物种拉丁名、科名、属名、种名、具体品种/品系、引种号、采集号、原产国、原产省、原产地、海拔、经度、纬度、取样地点、取样时间、监测单位名称、监测单位编号、系谱、选育单位、育成年份、选育方法、种质类型、图像、温度、盐度、pH
	遗传要素	遗传要素	倍性、生殖方式、遗传多态性
	生物学特征要素	鱼类	性别、年龄、体长、体重、体色、体厚、体高、全长、尾柄长、尾柄高、头长、吻长、眼间距、眼径、体长/体高、体长/头长、头长/吻长、头长/眼间距、含肉率、背部体色、腹部体色
		虾类	性别、年龄、体重、头胸甲长、头胸甲宽、头胸甲长/体长、第一腹节长、第二腹节长、第三腹节长、第四腹节长、第五腹节长、第六腹节长、尾节长
		蟹类	性别、年龄、体重、头胸甲长、头胸甲宽、全甲宽、甲内宽、额宽、腹部宽、腹甲宽、头胸甲后部宽、第一侧齿宽、第三步足长节长、第三步足前节长

（续表）

观测任务	一级指标	二级指标	三级指标
主要渔业种质资源鉴定、评价	生物学特征要素	贝类	性别、年龄、壳长、壳高、壳宽、壳高/壳长、软体部重量、怀卵量、壳色
		龟鳖类	性别、年龄、体重、背甲长、背甲宽、后侧裙边宽、吻突长、吻突宽、背甲宽/背甲长、体高/背甲长、后侧裙边宽/背甲长、吻长/背甲长、吻突长/背甲长、吻突宽/背甲长、眼间距/背甲长
		棘皮类	性别、年龄、体重、棘刺总数、棘刺列数、出皮率
		软体类	性别、年龄、体重、伞径
		海带	年龄、中带部宽、中带、全宽、藻体平直度、厚成期、叶面色泽
		紫菜	藻体长、藻体宽、藻体厚
	品质要素	鱼类/虾类/蟹类/贝类	肌肉灰分比例、肌肉含水量、肌肉脂肪酸含量、肌肉蛋白含量、肌肉氨基酸含量
		棘皮类	皂苷含量
		海带	鲜干比
		紫菜	脂肪酸含量、总蛋白含量、游离氨基酸含量
典型养殖水域养殖结构与环境容量评估监测	养殖环境要素	水环境指标	M：水温、水深、盐度、透明度、悬浮颗粒有机物、悬浮颗粒物、pH、溶解氧、溶解无机氮、亚硝酸盐、硝酸盐、氨氮、溶解无机磷、化学需氧量、叶绿素 a C：颗粒有机碳、颗粒氮、光照强度、溶解有机碳 O：碱度（TA）、溶解无机硅、浊度、初级生产力、重金属铅、镉、汞、微塑料、石油类
		沉积环境指标	M：沉积物-总氮、沉积物-有机碳、沉积物氧化还原电位、沉积物 pH C：沉积物-硫化物、底泥粒径 O：沉积物化学需氧量、沉积物-总磷、重金属铅、镉、汞、石油类
		生物生态指标	M：浮游植物种类、浮游植物丰度、浮游动物种类、浮游动物丰度、浮游动物生物量 C：微生物种类、微生物生物量、污损生物种类、污损生物丰度、污损生物生物量、底栖生物种类、底栖生物丰度、底栖生物生物量 O：浮游植物生物量、粪大肠菌群
		生物体质量指标	O：重金属铅、镉、汞，石油类、贝类毒素 PSP、ASP

（续表）

观测任务	一级指标	二级指标	三级指标
典型养殖水域养殖结构与环境容量评估监测	养殖结构要素	养殖结构要素指标	M：养殖类型、养殖品种、养殖密度、养殖方式、生产周期、养殖面积、养殖产量、养殖生物体长、养殖生物重量（干重）、养殖生物重量（湿重） C：成活率、养殖生物生长：性腺指数 O：投喂策略
	养殖生产要素	养殖生产要素指标	M：投入品-苗种、单位人工投入、单位产量能耗、投入产出比 C：投入品-饲料、水处理设备、播苗设备、单位产量用水、生产辅助设备（自动监控设备、水力挖塘机械、钓笼养殖筏架、紫菜养殖筏架、海带养殖筏架、牡蛎养殖筏架、滩涂翻耕机、紫菜收割机、网衣清洗装置、洗网机、增氧机、自动投饲机、水质调控机、水质监测设备）、采收设备、环境监测/监控设备 O：投入品-渔药、土地占有率、生产组织方式、病害损失、自然灾害损失
	现场连续监测指标	现场连续监测指标	C：流速、流向、水温、盐度 O：溶解氧、pH、叶绿素 a 浓度
	遥感指标	遥感指标	O：表层水温、盐度、叶绿素 a 浓度、初级生产力、悬浮物、水体透明度

附　录

农业基础性长期性观测常用参考标准

一、国家标准

GB/T 17139—1997　《土壤质量　镍的测定　火焰原子吸收分光光度法》

GB/T 17135—1997　《工业循环冷却水中钙、镁的测定　EDTA 滴定法》

GB/T 17136—1997　《土壤质量　总汞的测定　冷原子吸收分光光度法》

GB/T 17137—1997　《土壤质量　总铬的测定　火焰原子吸收分光光度法》

GB/T 17138—1997　《土壤质量　铜、锌的测定　火焰原子吸收分光光度法》

GB/T 17139—1997　《土壤质量　镍的测定　火焰原子吸收分光光度法》

GB/T 17140—1997　《土壤质量　铅、镉的测定　KI—MIBK 萃取火焰原子吸收分光光度法》

GB/T 17141—1997　《土壤质量　铅、镉的测定　石墨炉原子吸收分光光度法》

GB/T 23349—2009　《肥料中砷、镉、铅、铬、汞生态指标》

GB 5009.124—2016　《食品安全国家标准　食品中氨基酸的测定》

GB 5009.168—2016　《食品安全国家标准　食品中脂肪酸的测定》

GB 5009.268—2016　《食品安全国家标准　食品中多元素的测定》

GB 5009.27—2016　《食品安全国家标准　食品中苯并（a）芘的测定》

GB 5009.5—2016　《食品安全国家标准　食品中蛋白质的测定》

GB 5009.6—2016　《食品安全国家标准　食品中脂肪的测定》
GB 5009.7—2016　《食品安全国家标准　食品中还原糖的测定》
GB 5009.8—2016　《食品安全国家标准　食品中果糖、葡萄糖、蔗糖、麦芽糖、乳糖的测定》
GB 5009.82—2016　《食品安全国家标准　食品中维生素 A、D、E 的测定》
GB 5009.84—2016　《食品安全国家标准　食品中维生素 B_1 的测定》
GB 5009.85—2016　《食品安全国家标准　食品中维生素 B_2 的测定》
GB 5009.86—2016　《食品安全国家标准　食品中抗坏血酸的测定》
GB 5009.90—2016　《食品安全国家标准　食品中铁的测定》
GB 5009.91—2017　《食品安全国家标准　食品中钾、钠的测定》
GB 5009.93—2017　《食品安全国家标准　食品中硒的测定》
GB 5009.12—2010　《食品安全国家标准　食品中铅的测定》
GB 5009.14—2017　《食品安全国家标准　食品中锌的测定》
GB 5009.15—2014　《食品安全国家标准　食品中镉的测定》
GB 5009.154—2016　《食品安全国家标准　食品中维生素 B6 的测定》
GB 5009.158—2016　《食品安全国家标准　食品中维生素 K1 的测定》
GB 5009.17—2021　《食品安全国家标准　食品中总汞及有机汞的测定》
GB 5009.267—2016　《食品安全国家标准　食品中碘的测定》
GB 5009.271—2016　《食品安全国家标准　食品中邻苯二甲酸酯的测定》
GB 5009.88—2014　《食品安全国家标准　食品中膳食纤维的测定》
GB/T 11742—1989　《居住区大气中硫化氢卫生检验标准方法　亚甲蓝分光光度法》
GB/T 11891—1989　《水质　凯氏氮的测定》
GB/T 11893—1989　《水质　总磷的测定　钼酸铵分光光度法》
GB/T 11895—1989　《水质　苯并（α）芘的测定　乙酰化滤纸层析荧光分光光度法》
GB/T 11896—1989　《水质　氯化物的测定　硝酸银滴定法》
GB/T 11901—1989　《水质　悬浮物的测定　重量法》
GB/T 11902—1989　《水质　硒的测定　2,3-二氨基萘荧光法》
GB/T 12456—2021　《食品安全国家标准　食品中总酸的测定》

GB/T 13025.8—2012 《制盐工业通用试验方法　硫酸根的测定》
GB/T 14488.1—2008 《植物油料　含油量测定》
GB/T 14614—2019 《粮油检验　小麦粉面团流变学特性测试　粉质仪法》
GB/T 15790—2009 《稻瘟病测报调查调查规范》
GB/T 15792—2009 《水稻二化螟测报调查规范》
GB/T 15793—2011 《稻纵卷叶螟测报技术规范》
GB/T 15794—2009 《稻飞虱测报调查规范》
GB/T 15795—2011 《小麦条锈病测报技术规范》
GB/T 15796—2011 《小麦赤霉病测报技术规范》
GB/T 15798—2009 《粘虫测报调查规范》
GB/T 15799—2011 《棉蚜测报技术规范》
GB/T 15800—2009 《棉铃虫测报调查规范》
GB/T 17296—2009 《中国土壤分类与代码》
GB/T 17417.1—2010 《稀土矿石化学分析方法　第 1 部分：稀土分量测定》
GB/T 17980.104—2004 《农药，田间药效试验准则（二）　第 104 部分：杀菌剂防治水稻恶苗病》
GB/T 17980.23—2000 《农药田间药效试验准则（一）　杀菌剂防治禾谷类白粉病》
GB/T 17980.38—2000 《农药田间药效试验准则（一）　杀线虫剂防治根线虫病》
GB/T 19524.1—2004 《肥料中粪大肠菌群的测定》
GB/T 19524.2—2004 《肥料中蛔虫卵死亡率的测定》
GB/T 20194—2018 《动物饲料中淀粉含量的测定》
GB/T 20805—2006 《饲料中酸性洗涤木质素（ADL）的测》
GB/T 20806—2006 《饲料中中性洗涤纤维（NDF）的测定》
GB/T 22105.1—2008 《土壤质量　总汞、总砷、总铅的测定　原子荧光法　第 1 部分：土壤中总汞的测定》
GB/T 22105.2—2008 《土壤质量　总汞、总砷、总铅的测定　原子荧光法　第 2 部分：土壤中总砷的测定》
GB/T 22105.3—2008 《土壤质量　总汞、总砷、总铅的测定　原子荧光法　第 3 部分：土壤中总铅的测定》

GB/T 23349—2009　《肥料中砷、镉、铅、铬、汞生态指标》
GB/T 23391.1—2009　《玉米大、小斑病和玉米螟防治技术规范　第1部分：玉米大斑病》
GB/T 23391.2—2009　《玉米大、小斑病和玉米螟防治技术规范　第2部分：玉米小斑病》
GB/T 24689.1—2009　《植物保护机械虫情测报灯》
GB/T 24875—2010　《畜禽粪便中铅、镉、铬、汞的测定　电感耦合等离子体质谱法》
GB/T 25413—2010　《农田地膜残留量限值及测定》
GB/T 27534—2011　《畜禽遗传资源调查技术规范　第1部分：总则》
GB/T 28731—2012　《固体生物质燃料工业分析方法》
GB/T 29387—2012　《蛋鸭生产性能测定技术规范》
GB/T 29389—2012　《肉鸭生产性能测定技术规范》
GB/T 30740—2014　《海洋沉积物中总有机碳的测定　非色散红外吸收法》
GB/T 31705—2015　《气相色谱法本底大气二氧化碳和甲烷浓度在线观测方法》
GB/T 32737—2016　《土壤硝态氮的测定　紫外分光光度法》
GB/T 35221—2017　《地面气象观测规范总则》
GB/T 35237—2017　《地面气象观测规范自动观测》
GB/T 37907—2019　《再生水水质　硫化物和氰化物的测定　离子色谱法》
GB/T 4789.27—2008　《食品卫生微生物学检验　鲜乳中抗生素残留检验》
GB/T 609—2018　《化学试剂　总氮量测定通用方法》
GB/T 6195—1986　《水果、蔬菜维生素C含量测定法（2.6-二氯靛酚滴定法）》
GB/T 6432—2018　《饲料中粗蛋白的测定　凯氏定氮法》
GB/T 6433—2006　《饲料中粗脂肪的测定》
GB/T 6435—2014　《饲料中水分的测定》
GB/T 6437—2018　《饲料中总磷的测定分光光度法》
GB/T 6438—2007　《饲料中粗灰分的测定》

GB/T 7466—1987　《水质　总铬的测定》
GB/T 7472—1987　《水质　锌的测定　双硫腙分光光度法》
GB/T 8312—2013　《茶　咖啡碱测定》
GB/T 8313—2018　《茶叶中茶多酚和儿茶素类含量的检测方法》
GB/T 8314—2013　《茶　游离氨基酸总量的测定》
GB/T 8576—2010　《复混肥料中游离水含量的测定　真空烘箱法》
GB/T 8984—2008　《气体中一氧化碳、二氧化碳和碳氢化合物的测定　气相色谱法》
GB/T 9695.23—2008　《肉与肉制品　羟脯氨酸含量测定》
GB/T 9695.29—2008　《气体中一氧化碳、二氧化碳和碳氢化合物的测定　气相色谱法》

二、地方标准和行业标准

DB 23/T 3362—2022　《大豆病虫害田间监测调查技术规程》
DB 32/T 1122—2007　《小麦品种审定规范》
DB 32/T 2235—2012　《设施农业根结线虫病防治规程》
DB 37/T 2600.20—2014　《蔬菜病虫害综合防治技术规程　第 20 部分：蔬菜根结线虫病》
DB 43/T 955—2014　《蔬菜根结线虫病综合防治技术规程》
DB 51/T 714—2007　《肉用种鸭　雏鸭苗出场质量》
HJ 1147—2020　《水质　pH 值的测定电极法》
HJ 1184—2021　《土壤和沉积物 6 种邻苯二甲酸酯类化合物的测定　气相色谱-质谱法》
HJ 347.2—2018　《水质　粪大肠菌群的测定　多管发酵法》
HJ 479—2009　《环境空气　氮氧化物（一氧化氮和二氧化氮）的测定　盐酸萘乙二胺分光光度法》
HJ 488—2009　《水质　氟化物的测定　氟试剂分光光度法》
HJ 491—2019　《土壤和沉积物铜、锌、铅、镍、铬的测定　火焰原子吸收分光光度法》
HJ 50—1999　《水质　三氯乙醛的测定　吡唑啉酮分光光度法》
HJ 501—2009　《水质　总有机碳的测定　燃烧氧化-非分散红外吸收法》

HJ 505—2009	《水质　五日生化需氧量（BOD_5）的测定　稀释与接种法》
HJ 533—2009	《环境空气和废气　氨的测定　纳氏试剂分光光度法》
HJ 537—2009	《水质　氨氮的测定　蒸馏-中和滴定法》
HJ 634—2012	《土壤　氨氮、亚硝酸盐氮、硝酸盐氮的测定　氯化钾溶液提取-分光光度法》
HJ 636—2012	《水质　总氮的测定　碱性过硫酸钾消解紫外分光光度法》
HJ 644—2013	《环境空气　挥发性有机物的测定　吸附管采样-热脱附/气相色谱-质谱法》
HJ 699—2014	《水质　有机氯农药和氯苯类化合物的测定　气相色谱-质谱法》
HJ 700—2014	《水质　65 种元素的测定　电感耦合等离子体质谱法》
HJ 775—2015	《水质　蛔虫卵的测定沉淀集卵法》
HJ 802—2016	《土壤　电导率的测定　电极法》
HJ 803—2016	《土壤和沉积物　12 种金属元素的测定　王水提取-电感耦合等离子体质谱法》
HJ 828—2017	《水质　化学需氧量的测定　重铬酸盐法》
HY/T 263—2018	《海水中溶解氧化亚氮的测定　顶空平衡-气相色谱法》
LY/T 1223	《森林土壤坚实度的测定》
LY/T 1225	《森林土壤颗粒组成（机械组成）的测定》

后　记

农业基础性长期性观测工作犹如一座坚实的基石，为我国农业的可持续发展提供了至关重要的支撑。在完成本书的过程中，我们深刻体会到了这项工作的重大意义和价值，也感受到了众多参与者的付出与努力。

2017 年农业基础性长期性观测工作启动以来，编制观测指标体系一直是体系工作的基础性重要工作，观测指标体系经过近 5 年的不断修改，终于形成了一个较为完整的体系。观测指标体系的诞生，凝聚了无数人的智慧和心血。从农业领域的专家学者到一线的科研工作者，从各级领导到基层工作人员，大家齐心协力，共同为构建科学、系统的农业基础性长期性观测指标体系贡献力量。在调研、讨论和撰写的过程中，我们不断探索、创新，力求使本书能够准确地反映当前农业观测工作的实际需求和发展趋势。通过对农业基础性长期性观测指标体系的深入研究和阐述，我们希望能够为广大农业科研人员、管理者和生产者提供一本实用的工具书。这本书不仅是对现有观测指标的系统梳理，更是对未来农业观测工作的展望和指引。它将帮助读者更好地理解农业生态系统的复杂性和动态变化，为解决农业科学重大问题提供有力的数据支持。在未来的农业发展中，农业基础性长期性观测工作将继续发挥重要作用。

我们期待着更多的人关注和参与到这项工作中来，共同推动我国农业的现代化进程。同时，我们也将不断完善和更新本书的内容，使其更好地适应农业发展的新需求。

我们相信，在大家的共同努力下，我国的农业基础性长期性观测工作将不断取得新的成就，为保障国家粮食安全、促进农业可持续发展作出更大的贡献。